Die Berechnung von Rohrnetzen städtischer Wasserleitungen

Von

Dr.-Ing. Hermann Mannes

Mit 17 Textabbildungen und einer Tabelle

□

Zweite Auflage

München und Berlin
Druck und Verlag von R. Oldenbourg
1912

Literatur.

J. Schmidt, Über Diagramme für Wasserleitungsrohre. »Der Prakt. Maschinenkonstrukteur« 1876,
S. 450 f.

Löffel, Praktisches Verfahren bei der Berechnung der Röhrenweiten für Wasserleitungen. »Deutsche Bauztg.« 1878, S. 290 f.

A. Frank, München, Die Formeln über die Bewegung des Wassers in Röhren. »Der Zivilingenieur« 1881, S. 161 f.

A. Thiem, Über graphische Durchmesserbestimmung von Wasserleitungen. »Journ. für
Gasbel. u. Wasservers.« 1885, S. 748 f.

A. Frank, Die Berechnung offener und ge-
deckter Kanäle und Rohrleitungen nach einem
neuen einheitlichen System mittels logarithmographischer
Tabelle. »Journ. f. Gasbel. u. Wasservers.« 1886, S. 258 f.

O. Spieß, Graphische Lösung hydraulischer
Aufgaben. »Journ. f. Gasbel. u. Wasservers.« 1887, S. 563 f.

A. Frank, Graphische Darstellung zur Bestimmung der Drainrohrweiten. »Deutsche
Bauztg.« 1889, S. 237.

O. Smreker, Die Bestimmung der finanziell
günstigsten Geschwindigkeit des Wassers in
Druckrohrleitungen unter Voraussetzung künstlicher Hebung.
»Zeitschr. d. Ver. Deutsch. Ing.« 1889, S. 95 f.

Forchheimer, Über Rohrnetze. »Zeitschr. d. Ver.
Deutsch. Ing.« 1889, S. 365 f.; 1890, S. 679 f.

P. Willner, Die wirtschaftlich zweckmäßigste
Geschwindigkeit des Wassers in Druck-
röhren bei künstlicher Hebung. »Zeitschr. d.
Ver. Deutsch. Ing.« 1890, S. 103 f.

Halbertsma, Tabelle der Wassermenge pro Minute nach Darcy. »Journ. f. Gasbel. u. Wasserversorgung« 1892, S. 154.

E. Grahn, Tabellen der Wassermengen. Reibungshöhen und Geschwindigkeiten für die Normalrohrdurchmesser nach Darcy. »Journ. f. Gasbel. u. Wasservers. 1892, S. 368.

Krug, Die Drucklinie der Rohrnetze. »Journ. f. Gasbel. u. Wasservers.« 1895, S. 664, 679, 710, 727, 743, 759; 1896, S. 208, 252, 271, 286, 307, 319; 1897, S. 374, 423, 439.

Mewes, Über die Berechnung der Leitungen für Wasser und Gas in der Praxis. »Journ. f. Gasbel. u. Wasservers.« 1898, S. 212.

— Die ökonomische Geschwindigkeit in Wasserdruckrohren. »Journ. f. Gasbel. u. Wasservers.« 1902, S. 319.

Yassukowitch, Graphische Untersuchungen bei den Wasserversorgungsanlagen. »Journ. f. Gasbel. u. Wasservers.« 1906, S. 911 f.

Dankwerts, Tabelle zur Berechnung der Stauweiten in offenen Wasserläufen. 1903.

Hobrecht, Kanalisation von Berlin. 1884.

Iben, Druckhöhenverluste in geschlossenen eisernen Rohrleitungen. 1880.

Frühling, Wasserversorgung der Städte. »Handbuch d. Ing.-Wissensch.«, III. Auflage, Bd. 3, 1904.

Lueger, Wasserversorgung der Städte. 1890.

Labes, Tafel zur Berechnung der Druckhöhenverluste des Wassers in geschlossenen Leitungen. 1904.

Allitsch, Beitrag zur graphischen Ermittelung des Fassungsvermögens von Kanälen. »Österr. Wochenschrift f. d. öffentl. Baudienst« 1905, Heft 9.

Inhalt.

Anhang:

Beispiele.

Einleitung.

Das Entwerfen der Rohrnetze städtischer Wasserleitungen ist eine Aufgabe, die in Anbetracht der oft recht beträchtlichen Summen, die für diese Anlagen ausgeworfen werden, sehr wohl der Mühe einer sorgfältigen Durchrechnung wert ist.

Die heute in der Praxis üblichen Arten der Rohrnetzberechnung lassen jedoch meist noch sehr viel zu wünschen übrig. Hiermit soll zwar nicht behauptet werden, daß man in die Brauchbarkeit einer mit diesen Methoden berechneten Rohrleitung Zweifel setzen müßte. Daß in diesem Punkte nichts zu fürchten ist, beweisen unzählige Ausführungen. Aber, begnügt man sich auf anderen Gebieten der modernen Technik nicht mit der bloßen Erreichung eines Zieles, verlangt man vielmehr, daß der beschrittene Weg der beste und wirtschaftlich günstigste ist, so gilt das von der Anlage von Rohrnetzen nicht weniger. Im Gegenteil, die Zahl der Möglichkeiten, ein den Wasserbedarf deckendes Rohrnetz zu entwerfen, ist so groß, daß man die Brauchbarkeit allein kaum zum Gegenstand einer Untersuchung machen wird und den Schwerpunkt einer solchen vielmehr in der Behandlung der Aufgabe von wirtschaftlichen Gesichtspunkten aus erblicken muß.

Das bislang übliche Verfahren ist folgendes:

Man bestimmt — nicht ohne Willkür — die Lage der Hauptleitungen, stellt für diese überschlägig die Durchflußmengen für den Fall der Höchstentnahme fest und schreitet zur Wahl der Rohrdurchmesser, in der Regel mehr oder weniger freihändig. Ist dies geschehen, so prüft man die an einzelnen Punkten entstehenden Druckverluste und ändert dann so lange an den Durchmessern, bis das gewonnene Resultat bezüglich des Druckverlustes, vielleicht auch bezüglich der Wassergeschwindigkeit, ein befriedigendes ist. In gleicher Weise verfährt man sodann mit den Nebensträngen.

Da jedoch das Wasser in der ausgeführten Rohrleitung teilweise andere Wege einschlagen wird, als bei einer solchen oberflächlichen Durchrechnung angenommen wurde, so liefert dies Verfahren ein falsches Bild der Druckverhältnisse. Sodann ist es umständlich — des Probierens wegen —, zeitraubend und erfüllt schließlich nicht die Forderung, das erstrebte Ziel mit den kleinsten Kosten zu erreichen.

Wohl gibt es in den verschiedenen Lehrbüchern und in den Fachzeitschriften Vorschläge für die Berechnung von Rohrnetzen genug, allein keiner derselben hat so weit Eingang in die Praxis gefunden, daß man von einer üblichen Methode sprechen könnte: sei es, daß das Verfahren zu unübersichtlich ist, sei es, daß das Ergebnis die gestellten Ansprüche nicht befriedigt.

Vielfach beschränken sich auch die Abhandlungen auf die Lösung einiger besonders für den Zweck der Berechnung konstruierter Fälle und vertragen daher eine Verallgemeinerung überhaupt nicht oder verlangen doch zum mindesten ein nicht unbeträchtliches Maß Gewandtheit auf höher liegendem mathematischen Gebiete. Da ferner diese Lösungen einzelner Fälle in der Fachliteratur einiger Jahrzehnte verstreut sind, werden sie dem ausübenden Ingenieur nur selten leicht zugänglich sein.

Der Verfasser glaubt daher mit der vorliegenden Schrift einem in Fachkreisen lebhaft empfundenen Bedürfnisse zu begegnen und verfolgt mit ihr den Zweck, dem entwerfenden Ingenieur ein übersichtliches, in den meisten Fällen brauchbares Verfahren an die Hand zu geben.

Er war bemüht, bei der allgemeinen Ausbildung des letzteren eine möglichst große Anpassung an die abwechslungsreichen Aufgaben der Praxis zu erzielen. Die besondere Durchführung mußte allerdings mit Rücksicht auf die Klarheit der Entwicklung einige Einschränkungen erfahren. Es erstrecken sich daher die folgenden Untersuchungen nur auf Rohrnetze mit einer einzigen Druckzone (d. h. mit im ganzen Netz stetig sich änderndem Druck) und einem einzigen Durchlaufbehälter.

Für die praktische Benutzung erschien ein graphisches Verfahren[1]) ganz besonders geeignet zu sein. Ist ein solches schon, was Übersichtlichkeit der gewonnenen Ergebnisse anbelangt, dem analytischen Verfahren meist überlegen, so ist es für den vorliegenden Zweck ganz besonders geeignet, weil mit seiner Hilfe die so überaus wichtigen, örtlichen Verhältnisse, die sich nicht in das Gewand einer Formel oder Gleichung kleiden lassen, zwanglos berücksichtigt werden können.

Ob sich eine rein graphische Behandlung der Aufgabe überhaupt ermöglichen läßt, möge dahingestellt bleiben. Jedenfalls ist, um die Anwendung des Verfahrens möglichst einfach und handlich zu gestalten, von der Benutzung eines rein graphischen Verfahrens abgesehen worden und eine abwechselnde Verwendung von Lineal und Rechenschieber vorgesehen, ohne daß hierbei der oben hervorgehobene Wert des Verfahrens geschmälert wird, zumal alle Schlußergebnisse in einem Gesamtbild graphisch dargestellt und nur einige Zwischenergebnisse rechnerisch gewonnen werden.

Der Stoff ist in folgender Weise gegliedert worden:

A b s c h n i t t I behandelt die grundsätzlichen Gesichtspunkte und Voraussetzungen und bildet die Grundlage für das im

A b s c h n i t t II abgeleitete Verfahren für die Berechnung der Rohrnetze städtischer Wasserleitungen.

In einem A n h a n g wurden mit Rücksicht darauf, daß die Arbeit in erster Linie für die Praxis geschrieben ist, zwei Anwendungsbeispiele kurz durchgerechnet.

[1]) Graphische Berechnungsverfahren, zu denen die graphischen Tabellen nicht zu rechnen sind, wurden auch angegeben von: Spies, Journal f. Gasbel. u. Wasserversorg. 1887, S. 563; Krug 1895, S. 664 f., 1896, S. 208 f., 1897, S. 374; Yassukowitch 1906, S. 911. Allitsch, Österreich. Wochenschrift f. d. öffentl. Baudienst, 1905, Heft 9.

Allgemeine Gesichtspunkte und Grundlagen für die Berechnung.

Abgrenzung der Aufgabe.

Die Anforderungen, die man an ein vorteilhaft angelegtes Rohrnetz einer Wasserleitung stellt, gehen im wesentlichen dahin, daß es imstande sein muß, jedem Punkt des Versorgungsgebietes seine Verbrauchsmenge Wasser zuzuführen, ohne daß hierbei beim gleichzeitigen Höchstverbrauch aller Entnahmestellen[1]) an irgendeiner Stelle ein unzulässiger Druckhöhenverlust auftritt. Dieses Ziel soll erreicht werden bei gleichzeitigem Bestehen der Nebenbedingung, daß die Anlage die wirtschaftlich günstigste ist, kurz die Bedingung des Kostenminimums genannt.

So einfach sich diese Aufgabe hiernach abgrenzen läßt, so schwierig ist ihre Lösung. Sie erfordert — von den seltenen Fällen reiner Verästelungsnetze abgesehen — die Lösung einer Gleichung, in der sämtliche Durchmesser der einzelnen Rohrstränge, von Knotenpunkt zu Knotenpunkt gerechnet, und sämtliche in diesen fließenden Wassermengen als Unbekannte auftreten.

Es haben sich daher alle, die sich mit diesem Gegenstand beschäftigt haben, stillschweigend darauf beschränkt, bei Inangriffnahme der Ausmittelung einzelne Hauptfiguren des Rohrnetzes mit mehr oder weniger großer Willkür herauszuschneiden und einer gesonderten Betrachtung und Berechnung zu unterwerfen.

---

[1]) Im folgenden kurz »Höchstverbrauch« genannt.

Mit diesem in der Praxis nicht zu umgehenden Verfahren wird von vornherein der Grundsatz des Kostenminimums der Gesamtanlage mehr oder weniger durchbrochen, wie ohne weiteres einleuchtet.

Der Verfasser ist bemüht gewesen, ein Verfahren zu entwickeln, welches den Grundsatz des Kostenminimums der Gesamtanlage nicht aufgibt: er teilt das Rohrnetz nicht unabhängig von der Frage der wirtschaftlich günstigsten Lösung auf, sondern gerade nach Rücksichten, die eine Annäherung an das Kostenminimum der Gesamtanlage anstreben.

Die Hauptfiguren, in welche das Rohrnetz zerlegt wird und welche für die Berechnung der Rohranlage wesentlich sind, sollen R e c h n u n g s f i g u r e n genannt werden. Die Grundlagen für eine solche Aufteilung bilden sowohl die Lagen der einzelnen Leitungen, als auch die Strömungsverhältnisse in ihnen, das sind die Wasserwege und die Wassermengen.

Und zwar müssen

die E r h e b u n g e n für die L e i t u n g s -
    l a g e und   für die

die E r m i t t e l u n g e n   der   S t r ö -   gesamte

    m u n g s v e r h ä l t n i s s e   Anlage

der

    A u f t e i l u n g i n R e c h n u n g s f i g u r e n

vorangehen. Daran hat sich dann

    die B e s t i m m u n g d e r D u r c h m e s s e r

anzuschließen.

L u e g e r [1]) schätzt im Gegensatz hierzu gleich von vornherein die allgemeinen Strömungsverhältnisse des gesamten Netzes ab, während er innerhalb einzelner Rechnungsfiguren die besonderen Strömungsverhältnisse und die Rohrdurchmesser aus der Bedingung des Teilkostenminimums ermittelt. Diese sehr interessante Methode wird in der praktischen Durchführung selbst für die einfache Luegersche

---

[1]) Lueger, Die Wasserversorgung der Städte. 1885, Bd. II, S. 791 f.

Idealfigur schon recht zeitraubend, und es wird nur in ganz seltenen Fällen gelingen, das Rohrnetz einer Stadt in Figuren
gleicher Einfachheit aufzulösen. Das gewonnene Ergebnis
weicht zudem, wie Lueger in einem Beispiele nachweist, sehr
wenig von dem ab, das durch eine zweckmäßige Wahl auch
der besonderen Strömungsverhältnisse erreicht wird, so daß
Lueger selber zu dem Vorschlag kommt, auch innerhalb der
Rechnungsfigur von vornherein gewisse Annahmen für die
Strömung zu machen.

Erhebungen über die Leitungs-Trasse.

Bezüglich der Feststellung der Leitungstrasse steht dem
Ingenieur nicht allzuviel Freiheit zu, da diese durch die Lage
der Straßenzüge im wesentlichen vorgeschrieben ist und
die Erhebungen daher in der Regel auf die Bestimmung der
Lage der Leitung i n n e r h a l b d e r S t r a ß e n beschränkt
werden müssen. Bisweilen werden Untersuchungen nötig
sein, ob gewisse örtliche Verhältnisse die Anordnung von
Parallelsträngen in einer Straße vorteilhaft erscheinen lassen.
Auch die Verbindung zweier Verästelungsstränge zu einem
Ringe durch eine Rohrleitung, die nicht in vorhandenen oder
projektierten Straßenzügen liegt, kann unter Umständen
zweckmäßig sein. Daß Besitz- und Untergrundverhältnisse,
Bahn- und Flußkreuzungen sowie sonstige lokale Hindernisse
als nicht zu übersehende Faktoren zu berücksichtigen sind,
ist wohl selbstverständlich.

Die theoretisch gewiß sehr interessante Abhandlung
Forchheimers[1]), welcher die günstigsten Winkel für die Tei-
lung der Hauptstränge in Nebenstränge ermittelt, können
daher für die Berechnung der Stadtrohrnetze leider nur in
vereinzelten Fällen Verwendung finden, hingegen werden sie
für Bewässerungsanlagen, Rieselfelder u. dgl. einen hervor-
ragenden Wert besitzen.[2])

---

[1]) Forchheimer, Zeitschr. d. Ver. deutsch. Ing. 1889, S. 365.
[2]) Forchheimer, Zeitschr. d. Ver. deutsch. Ingen. 1890, S. 679.
Denselben Gegenstand behandelt auch Willner in demselben Bande,
S. 103 f.

Ermittelung der Strömungsverhältnisse.

Die Bestimmung der Strömungsverhältnisse in dem nun seiner Trasse nach bekannten Rohrnetze erfordert zunächst eine Feststellung des Wasserbedarfes an den einzelnen Punkten des Versorgungsgebietes. Da innerhalb eines Straßenzuges die Entnahmestellen sehr dicht liegen, so ist es üblich, mit einer gleichmäßig über die Länge des Straßenzuges verteilten Wasserentnahme zu rechnen. Daraus ergibt sich der Begriff: »Wasserentnahme für die Längeneinheit«.

Da durch die Berechnung des Rohrnetzes erreicht werden soll, daß an den ungünstig liegenden Stellen ein gewisser Druckhöhenverlust nicht überschritten wird, so ist für die ganze Berechnung nicht die durchschnittliche, sondern d i e m a x i m a l e W a s s e r e n t n a h m e zugrunde zu legen. Es ist ferner zu berücksichtigen, daß der Wasserbedarf in den einzelnen Stadtteilen je nach Dichtigkeit der Bebauung, Wohlhabenheit der Bevölkerung usw. verschieden ist, so daß das Versorgungsgebiet in einzelne Verbrauchszonen eingeteilt werden kann, innerhalb welcher die Wasserentnahme für die Längeneinheit als unveränderlich gilt. Für die einzelnen Zonen ist die letztere durch Rechnung festzustellen (S. 23 u. 24).

Im weiteren Verlauf der Untersuchung sind alsdann die Wege, die ein jedes Wasserteilchen vom Behälter bis zu seiner Verbrauchsstelle nehmen soll, zu bestimmen (S. 25). Diese Aufgabe läßt, von reinen Verästelungsleitungen abgesehen, offenbar unendlich viele Lösungen zu, solange die Rohrweiten noch nicht festliegen. Sie muß daher, um eine eindeutige Lösung herbeizuführen, durch die Wahl von Nebenbedingungen näher bestimmt werden.

Hierfür fehlt es nun in der einschlägigen Literatur nicht an den verschiedenartigsten Vorschlägen. So empfiehlt F r ü h l i n g [1]), die Wasserwege so zu wählen, als wären die Rohre offene Wasserläufe zur Bewässerung des ganzen Stadt-

---

[1]) Frühling, Die Wasserversorgung der Städte. Handb. d. Ingenieurwissenschaft. 3. Aufl. III. Bd., S. 175 f.

gebietes, und will hiermit die bezüglich der Druckverluste beste
Ausnutzung der vorhandenen Höhenunterschiede erreichen,
indem die Stellen, die am wenigsten Druckverluste vertragen
können, von der Hauptleitung gespeist werden. Dieser Weg
ist nur gangbar, wenn der Eintritt der Hauptrohrleitung an
einem Hochpunkte der Stadt liegt — eine Voraussetzung, die
keineswegs immer oder auch nur besonders häufig zutreffend
ist. Abgesehen hiervon, wird das Verfahren leicht dazu führen,
daß das Wasser auf Umwegen seinem Bestimmungsort zugeführt wird, so daß die Vorteile, die das Prinzip ausnutzen
will, nur in dem seltenen Falle voll zur Geltung kommen
können, daß die hochliegenden Straßen gleichzeitig für die-
jenige Wasserverteilung, die ohne Berücksichtigung der Höhenunterschiede vorteilhaft erscheinen würde, als Hauptleitungs-
züge in Frage kommen können. Im übrigen wird der Frühling-
sche Vorschlag, soweit es die Verhältnisse gestatten, in ge-
wissem Sinne beachtet, da beim Entwurf eines jeden Rohrnetzes das Bestreben herrscht, die hochgelegenen, ungünstigen
Entnahmestellen möglichst von einer Hauptleitung aus zu
versorgen.

Auch das von R o t h e r [1]) beschriebene Dupuit-Thiemsche
Verfahren bevorzugt die hochliegenden Gebietsteile für die
Hauptleitungen, indem es gleichzeitig eine Zusammenfassung
möglichst großer Wassermengen in den Hauptleitungen an-
strebt.

L u e g e r überläßt in seinem bereits genannten Werke die
Feststellung der Strömungsverhältnisse in den Grundzügen
dem geübten Blick des Ingenieurs und macht dagegen die
Wasserverteilung in den einzelnen Ringleitern zum Gegenstand
einer genauen oder angenäherten Berechnung.

Bei allen diesen Verfahren hat man den Umstand berücksichtigt, daß die Wahl der Druckverhältnisse von Einfluß
auf die Wirtschaftlichkeit der Strömungsverhältnisse ist;
man muß dafür in Kauf nehmen, daß sich die Aufgabe alsdann

[1]) Journal für Gasbeleuchtung und Wasserversorgung, 1911,
Nr. 40 und 41.

der Möglichkeit einer exakten Lösung entzieht und an Stelle der Berechnung Schätzung tritt. Vernachlässigt man dagegen bei der Wahl der Strömungsverhältnisse die Druckverhältnisse, so erhält man eine Aufgabe, die der Berechnung zugänglich ist.

In beiden Fällen kann man höchstens Anspruch darauf machen, eine Annäherung an das Kostenminimum zu geben. Diese Beschränkung dürfte jedoch bei der Natur des zu behandelnden Gegenstandes unvermeidlich sein.

Wie aus der von L u e g e r entwickelten Methode hervorgeht, liefert bereits die Forderung, das Wasser auf dem kürzesten Wege seinem Bestimmungsorte zuzuführen, sehr günstige Resultate, die sich von denen, die durch die langwierigen, zudem nicht immer durchführbaren Berechnungen des absoluten oder angenäherten Kostenminimums für seine Teilfigur gewonnen werden, nur wenig unterscheiden.

Es leuchtet ein, daß eine Ausdehnung dieses Prinzips auf die allgemeine Wasserverteilung sehr wohl günstige Ergebnisse liefern kann. Dabei braucht man die von Lueger angenommene Bedingung, eine bestimmte verfügbare Druckhöhe an jedem einzelnen Knotenpunkte zu erzielen, erfreulicherweise nicht mehr, vielmehr erhält man die Druckhöhen an den einzelnen Knotenpunkten jetzt als Nebenergebnisse der Berechnung. Es erscheint vollständig vernünftig, die Wasserverteilung in der Weise vorzunehmen, daß jedem Punkte des Rohrnetzes seine Verbrauchsmenge auf dem kürzesten der zur Verfügung stehenden Wege zugeleitet wird, selbstverständlich unter Berücksichtigung besonderer örtlicher Verhältnisse. Die meisten städtischen Rohrnetze sind ausgesprochene Netze, d. h. sie bestehen aus einer Aneinanderreihung von Vielecken, meist Ringe genannt. In jeder Ringleitung findet man bei Anwendung des Prinzips vom kürzesten Weg einen Punkt, welcher über beide Ringhälften hin gleich weit vom Zuflußpunkte entfernt ist. Dieser Punkt möge W a s s e r s c h e i d e p u n k t genannt werden und teilt die Ringleiter für die Berechnung in zwei Verästelungsstränge. Man kann also jede Ringleitung in zwei Verästelungsleitungen auflösen.

Daß dieses Verfahren der Wasserverteilung nach dem kürzesten Wege nicht das Kostenminimum ergibt, ist bereits oben gesagt, es liefert aber eine sehr gute Annäherung. Das absolute Kostenminimum würde (vgl. die Luegerschen Berechnungen) bei einer noch größeren Zusammenfassung des Wassers in den Hauptsträngen und bei einer vorzugsweisen Berücksichtigung der Hochgebiete liegen. Allerdings darf man diesen beiden Gesichtspunkten zuliebe das Wasser nicht zu weit spazieren führen und hierin liegt eine Begrenzung, die den Verfasser dazu geführt hat, das Prinzip des kürzesten Weges in den Vordergrund zu stellen und den Verlauf desselben für jedes Wasserteilchen exakt zu ermitteln. Bei näherer Prüfung von Aufgaben, wie sie die Praxis stellt, hat sich nämlich gefunden, daß Abweichungen vom kürzesten Wege durch Verlegung der Hauptleitungen über die Hochgebiete hinweg nur selten als Ersparnis bringend in Frage kommen, zudem auch nur unbedeutende Vorteile mit sich bringen. Durch Zusammenfassen des Wassers in noch weitgehenderer Weise, als es durch das Prinzip vom kürzesten Wege an sich schon geschieht, kann man zwar eine Ersparnis bisweilen erzielen; sie ist aber nur gering und nicht immer gut angelegt, denn ein Rohrnetz mit mehreren kräftigen Hauptleitungen ist praktisch wertvoller, als ein solches mit weniger zahlreichen, dafür aber stärkeren Hauptleitungen, da bei ersterem die bisweilen nötig werdenden Absperrungen von Hauptsträngen weniger folgenreich für die Druckverteilung sind und außerdem die im Laufe der Jahre infolge unvorhergesehener Entwicklung der Bebauung, Ansiedelung von Industrie u. dgl. bisweilen eintretenden Verschiebungen der wirklichen Entnahmeverhältnisse gegenüber den bei der Projektierung angenommenen nicht so leicht zu fühlbaren Überlastungen einzelner Leitungsstränge führen.

Daß nach der ersten Festlegung in der Regel einige Änderungen am Leitungsnetz vorgenommen werden müssen, ist selbstverständlich, denn das Schematisieren ist für solche Arbeiten übel angebracht. Man wird auf diese Weise unter sorgfältiger Abwägung aller Verhältnisse stets eine gute Annäherung an das Kostenminimum erzielen.

Nachdem so die Wasserwege, die das Wasser zum Bestimmungsorte führen sollen, als auch die Wassermengen,
die an den einzelnen Stellen entnommen werden sollen, festgelegt sind, läßt sich jetzt unschwer berechnen, wieviel Wasser
durch jede Stelle des gesamten Leitungsnetzes fließt, oder, um
einen für die späteren Ableitungen geeigneten Ausdruck
zu gebrauchen, wie groß seine B e l a s t u n g ist. Bezeichnet
man mit »R o h r s t r a n g« ein zwischen zwei Knotenpunkten
liegendes Stück des Leitungsnetzes, so ergibt sich die »H a u p t -
l e i t u n g«, wenn man an den Rohrstrang mit größter Belastung den mit der nächstgrößten Belastung von ihm ab-
zweigenden Rohrstrang anreiht und in dieser Weise fort-
fährt, bis man einen Endstrang erreicht hat. In derselben
Weise ergeben sich sodann Hauptleitungen zweiter und dritter
Ordnung usw., bis das ganze Rohrnetz in einzelne, aus einem
oder mehreren Rohrsträngen bestehende Leitungen zerlegt ist.

Durchmesserbestimmung.

Die Bestimmung der Rohrweiten gründen sich auf eine
der Gleichungen, welche die Beziehung zwischen Wassermenge,
Druckhöhenverlust und Rohrdurchmesser ausdrücken.

Die Wassermenge kann man nach den vorausgegangenen
Betrachtungen als gegeben annehmen. Bezüglich des Druck-
höhenverlustes besteht die allgemeine Forderung, daß die
verbleibende verfügbare Druckhöhe innerhalb des Rohrnetzes
nicht unter ein bestimmtes, von Fall zu Fall festzusetzendes
Maß sinken darf.

Beschränkt man die Betrachtung zunächst auf eine Rechnungsfigur, so besteht diese Forderung natürlich auch für
diese, und zwar unter Beachtung des Längenprofils.

So stellt das untere Bild der Fig. 1 das Längenprofil
einer Hauptleitung dar, welche bei A in das Versorgungsgebiet eintritt und in den Punkten B, C und D größere Wassermengen an Nebenstränge abgibt. Es ist sofort ersichtlich,
daß im Endpunkte E die Druckverhältnisse am ungünstigsten sind. Trägt man sich dort die verlangte Druckhöhe $E—e$ auf, so hat man mit e einen Punkt der beabsich-

tigten Druckgefällslinie festgelegt.[1]) Vom Verlauf dieser Druckgefällslinie ist zunächst nur bekannt, daß sie, abgesehen von den unwesentlichen Änderungen der Geschwindigkeitsenergie, niemals unter die durch *e* gezogene Horizontale sinken kann, daß also, vorausgesetzt, daß bei *e* der vorgeschriebene Druckverlust nicht überschritten wird, an allen Punkten der Strecken innerhalb des Versorgungsgebietes der Druck über dem erreichten Minimalmaß bleibt. Die Leitung wird daher in dieser Beziehung den Anforderungen entsprechen,

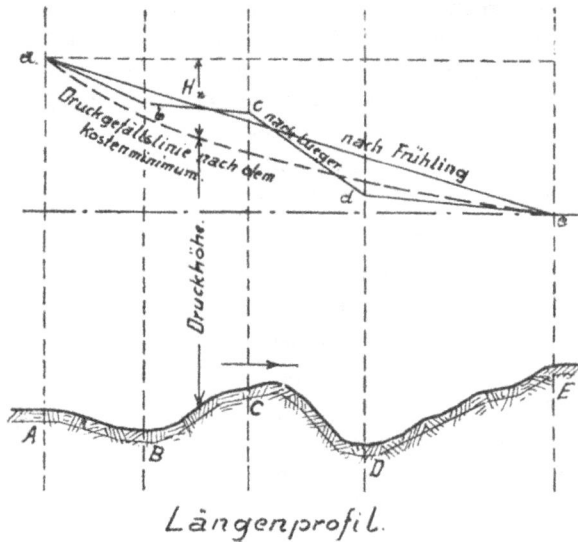

Längenprofil.

Fig. 1.

ohne daß eine weitere Festlegung des Druckverlustes an anderen Punkten als *E* erforderlich wäre.

Somit sind für den Verlauf der Druckgefällslinie noch unzählige Möglichkeiten offen, und es bedarf der Wahl einer weiteren Bedingung, um die Aufgabe eindeutig zu bestimmen.

---

[1]) Das Wort »Druckgefällslinie« ist allgemein üblich für die Kurve, welche die Beziehung zwischen dem Druckhöhenverlust *H* an beliebiger Stelle und der durchflossenen Rohrlänge, beide bezogen auf den Anfangspunkt der Rohrleitung, darstellt. Man sollte besser »Druckhöhengefällslinie« sagen.

Frühling[1]) schlägt vor, die Druckgefällslinie gerad-
linig verlaufen zu lassen (Fig. 1) oder mit Rücksicht darauf,
daß die Kosten der Rohre etwas stärker zunehmen als ihr
Durchmesser, etwa mit $D^{1,2}$, statt der Geraden eine mäßig
nach unten gebogene Linie zu verwenden. Die Gerade als
Druckgefällslinie bietet zweifellos für die Berechnung große
Erleichterungen. Was jedoch die mäßige Krümmung nach
unten anbelangt, so ist einzuwenden, daß die Willkürlichkeit,
mit der das Maß der Krümmung hiernach gewählt werden
muß, dem nach einer exakten Berechnung Suchenden nicht
recht befriedigen kann. Außerdem werde ich später zeigen,
daß, wenn die Leitungskosten mit dem Rohrdurchmesser
in gleichem Verhältnisse wachsen würden, die Gerade als
Druckgefällslinie eine Abweichung vom Kostenminimum
liefern würde.

Lueger bestimmt für die Druckgefällslinien[2]) willkür-
lich noch ebensoviel Punkte als Knotenpunkte vorhanden sind.
Diese Festlegung ist zwar für die Druckverteilung in einem
Fall, wie in Fig. 1 dargestellt, überflüssig, da ein Sinken des
Druckes unter das zulässige Maß nach Festlegung des einen
Punktes e sowieso ausgeschlossen ist. Lueger braucht diese
Annahmen jedoch als Grundlage für seine Berechnung und
erhält damit eine Druckgefällslinie, welche, wenn die Druck-
höhenannahmen mit Berücksichtigung der lokalen, durch das
Längenprofil gegebenen Verhältnisse gemacht wurden, etwa
den Verlauf $a-b-c-d-e$ nehmen würde.

Vielfach macht man anstatt unmittelbar für die Druckgefällslinie für andere, mit ihr in Zusammenhang stehende
Größen eine Annahme. So wurde z. B. für die Berechnung
des Stadtrohrnetzes von Hannover die Rechnungsannahme
benutzt, daß die auftretenden Geschwindigkeiten konstant
sein sollten — eine Forderung, welche, wie Frühling nachweist,
recht wenig günstige Resultate gezeitigt hat.

---

[1]) a. a. O. S. 177.

[2]) Die in Fig. 1 dargestellte Leitung stellt allerdings nur einen
Teil der Luegerschen Berechnungsfigur dar, da Lueger geschlossene
Ringleiter zugrunde legt.

2*

Alle diese Annahmen haben den Nachteil, daß sie die Forderung des Kostenminimums unberücksichtigt lassen. Bei der vorliegenden Behandlung der Aufgabe soll die Gefällslinie so bestimmt werden, daß sie durch den Punkt e (Fig. 1) geht und daß die zu dieser Gefällslinie gehörige Rohrleitung die wirtschaftlich günstigste wird.

Die Lösung dieser Aufgabe ergibt eine Gleichung, welche den Rohrdurchmesser oder eine andere mit diesem im Zusammenhang stehende Größe als Funktion der durchflossenen Rohrlänge bestimmt.

Aufteilung in Rechnungsfiguren.

Die vorstehenden Erörterungen lassen erkennen, daß, wenn die Strömungsverhältnisse einmal festgelegt sind, die Verteilung des Gefällsverlustes auf die einzelnen Rohrstränge den Schwerpunkt der Berechung bildet, so daß angestrebt werden muß, in jede einzelne Rechnungsfigur eine möglichst große Anzahl Stränge einzuschließen, damit alle willkürlichen Annahmen über den Druckverlust nach Möglichkeit vermieden werden. Bei Gravitationsanlagen muß hierbei von den Punkten ausgegangen werden, für welche ein bestimmter Druckverlust festgelegt ist, wie z. B. in Fig. 1 Punkt E.

Ferner hat man auf folgendes zu achten: Der Wasserscheidepunkt in einem Ringleiter stellt sich (vgl. S. 15) so ein, daß in beiden Ringhälften der Druckverlust gleich groß wird. Soll daher eine bestimmte Lage des Wasserscheidepunktes erreicht werden, so muß durch entsprechende Rohrdimensionierung dafür gesorgt werden, daß die Bedingung der gleichen Größe des Druckverlustes auf beiden Ringhälften erfüllt wird. Hiermit wird die Verwirklichung der Annahmen für die Strömungsverhältnisse gewährleistet.

Die Einteilung des Rohrnetzes in Rechnungsfiguren hat nun so zu erfolgen, daß man bei einem den Druckverlust bestimmenden Punkt, z. B. Punkt E in Fig. 1, beginnend, den Weg eines Wasserteilchens entgegen der Strömungsrichtung verfolgt, und zwar nicht nur bis zum Hochbehälter, sondern über diesen hinaus bis zur Quelle. Es bilden dann die so ermittelten

Rohrstränge in Verbindung mit der Fallrohrleitung (d. i. die Verbindungsleitung von Hochbehälter und Rohrnetz) und der Zuleitung zum Hochbehälter die erste Rechnungsfigur.

Es ist diese Zusammenstellung zwar in der Praxis bisher nicht üblich gewesen, man pflegt vielmehr Zuleitung, Fallrohrleitung und Ortsrohrnetz vollständig voneinander getrennt zu berechnen. Da jedoch alle drei an dem in der Stadt auftretenden Druckverlust beteiligt sind, müssen sie auch in der Berechnung vereinigt behandelt werden. Die Höhenlage des Behälters kann alsdann nicht mehr willkür-

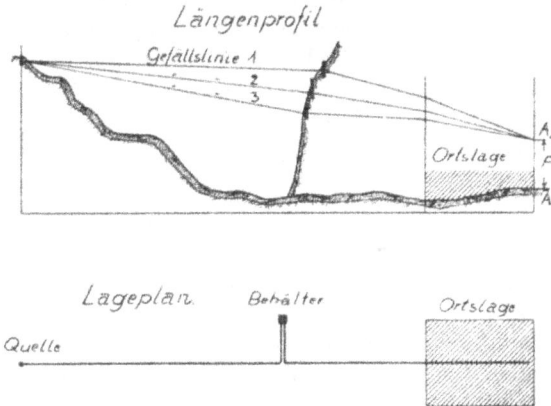

Fig. 2.

lich angenommen werden, sondern ergibt sich als Nebenresultat der Durchmesserberechnung.

Daß dieses Verfahren durchaus begründet ist, zeigt Fig. 2, welche eine derartige Berechnungsfigur schematisch im Grundriß und Längenprofil darstellt. Es ist hierbei angenommen, daß der Behälter an dem seitlichen Steilhange eines von der Leitungstrasse durchzogenen Tales liegt. Für seine Höhenlage gibt es, wie das Längenprofil zeigt, unzählige Möglichkeiten; so sind z. B. in der Figur drei beliebige Lagen, entsprechend drei beliebigen Gefällslinien, eingezeichnet, welche alle drei im Punkte A dieselbe Druckhöhe $A - A_1 = P$ erzeugen. Es muß daher die finanziell günstigste Höhenlage des Behälters bestimmt werden, eine Aufgabe, welche nur durch Vereinigung der Zuleitung, Fallrohrleitung und Hauptleitung des Rohrnetzes zu e i n e r Rechnungsfigur gelöst werden kann.

Die weitere Einteilung hat alsdann unter Berücksichtigung derselben Prinzipien zu erfolgen und gibt daher zu weiteren Erörterungen nicht Veranlassung.

Berücksichtigung der örtlichen Verhältnisse.

Wenn im vorstehenden ein Versuch gemacht wurde, Grundsätze für eine systematische Rohrbemessung zu entwerfen, so muß dabei doch betont werden, daß sie nur cum grano salis Verwendung finden dürfen. Ebenso wie es unzulässig erscheint, an Stelle einer Berechnung der Rohrleitungen das vielfach übliche Verfahren der Schätzung und nachträglichen Nachrechnung treten zu lassen, ist es auch unzweckmäßig, ja vielfach gar nicht ausführbar, allein die mathematische Formel walten zu lassen. Bei der Mannigfaltigkeit der Verhältnisse, für welche die Rohrnetze projektiert werden müssen, werden sich fast stets andere, immer wieder neue Gesichtspunkte ergeben, die bei der Berechnung berücksichtigt werden müssen, für welche sich jedoch allgemeine Regeln nicht aufstellen lassen. Ihre Erkenntnis und Bewertung muß vielmehr der Gewandtheit und der praktischen Erfahrung des Ingenieurs überlassen bleiben und in jedem einzelnen Falle zum Gegenstand einer besonderen Untersuchung gemacht werden. Hierbei ist jedoch stets zu beachten, daß mit jeder Abweichung von dem normalen Rechnungsresultat, die man örtlichen Verhältnissen zuliebe vornimmt, im allgemeinen ein Kostenmehraufwand verknüpft ist, dessen Kenntnis natürlich für eine richtige Beurteilung der Sachlage unentbehrlich ist. Man wird aus diesem Grund häufig auch in solchen Fällen, in denen Forderungen örtlicher Natur im Vordergrunde stehen, die allgemeine Berechnung zum Zwecke eines Vergleiches durchführen müssen.

Abschnitt II.

Die Durchführung der Berechnung.

Aus den im vorigen Abschnitt entwickelten Gesichtspunkten geht hervor, daß der eigentlichen Durchmesserbestimmung eine Reihe systematisch durchzuführender Rechnungen vorausgehen müssen, durch welche die B e l a s t u n g d e r e i n z e l n e n S t r ä n g e [1]) ermittelt wird. Diese Rechnung soll hier durchgeführt werden, ohne daß im einzelnen auf die im Abschnitt I entwickelte Begründung eingegangen wird. Es empfiehlt sich, auf die dort entwickelten Grundsätze von Schritt zu Schritt zurückzugreifen.

Entwurf des Belastungsdiagrammes.

Gegeben ist in der Regel nur der Stadtplan und der Gesamtwasserbedarf Q_s, bezogen auf die Sekunde, der für die übrigen Teile der Anlage, z. B. Pumpwerk und Quellfassung meistens bereits ermittelt worden ist.

Die erste Aufgabe der Berechnung ist daher die Verteilung des Gesamtwasserbedarfes auf die verschiedenen Teile des Stadtbezirkes, der zu diesem Zwecke nach den bereits entwickelten Grundsätzen in verschiedene Verbrauchszonen eingeteilt wird. Bezeichnet man den sekundlichen Verbrauch in der ersten Zone mit Q_1, die Länge der dort zu verlegenden

[1]) Vgl. S. 15.

Rohrleitungen mit l_1 und den sekundlichen Verbrauch für die Längeneinheit mit

$$q_1 = a_1 \cdot q_m, \qquad (1)$$

worin q_m den mittleren sekundlichen Verbrauch für die Längeneinheit im ganzen Netze und a_1 einen der Verbrauchszone eigentümlichen nach den jeweiligen Verhältnissen zu schätzenden Koeffizienten, z. B. 0,7, 0,9, 1,2 usw., bedeutet, so ist

$$Q_1 = a_1 \cdot l_1 \cdot q_m \qquad (2)$$

und ebenso in der zweiten Verbrauchszone

$$Q_2 = a_2 \cdot l_2 \cdot q_m \text{ usw.}$$

Durch Addition dieser Gleichungen ergibt sich

$$Q_1 + Q_2 + Q_3 + \dots = Q_s = q_m \cdot (a_1 l_1 + a_2 l_2 + a_3 l_3 + \dots)$$

oder

$$q_m = \frac{Q_s}{a_1 l_1 + a_2 l_2 + a_3 l_3 \dots} \qquad (3)$$

Durch Einsetzung des so gewonnenen Resultates in die Gleichung (1) ergeben sich die Größen q_1, q_2, q_3 usw. und damit die Wasserentnahmen für die Längeneinheit des Rohrstranges in jeder Verbrauchszone.

Für die Strömung dieser Wassermengen war der Grundsatz aufgestellt worden, daß jedes Wasserteilchen auf dem kürzesten Wege seinem Bestimmungsorte zugeführt werden solle. Die Aufsuchung dieser Wege ist nun mit Schwierigkeiten nicht verknüpft, wenn man damit an der Einmündungsstelle der Fallrohrleitung in das Rohrnetz beginnt: Die Wasserscheidepunkte ergeben sich ohne weiteres durch Halbieren der Ringleitungen. Man erleichtert sich die Arbeit sehr und erhält ein recht übersichtliches Bild, wenn man die ermittelten Wasserwege durch Pfeile, die jedoch der Strömungsrichtung entgegengesetzt stehen, bezeichnet, wie dies in Fig. 3 geschehen ist. Man kann dann nämlich aus dem Lageplan den Weg, den das Wasser nach einem beliebigen Punkte nehmen soll, ohne weiteres ablesen, indem man von dem betreffenden Punkte aus, rückwärtsgehend, die durch die Pfeile angegebenen Richtungen verfolgt. So ist in Fig. 3

z. B. für den Punkt A sofort der Wasserweg $A-18-15-6$ $-5-2-1$, für B der Wasserweg $B-13-12-3-2-1$ erkennbar. Würde man die Pfeile in ihrer natürlichen Richtung stehen lassen, so hätte man bei Aufsuchung des kürzesten Weges an jedem Knotenpunkte Mehrdeutigkeiten, da man, an der Eintrittstelle beginnend, nicht übersehen kann, wohin der eingeschlagene Weg führt.

Nachdem so der erste Entwurf der Strömungsverhältnisse durchgeführt ist, wird man unter Umständen unter Berücksichtigung örtlicher Verhältnisse Abänderungen hiervon in Erwägung ziehen müssen. So kann es z. B. fraglich erscheinen,

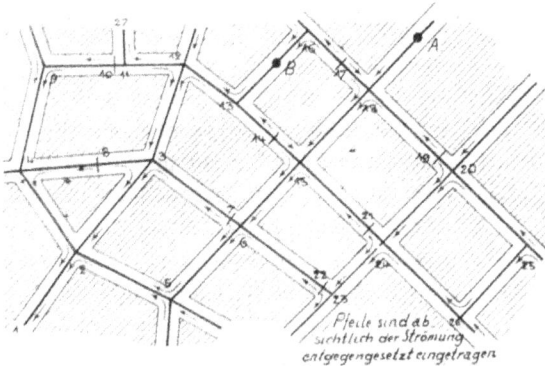

Fig. 3.

ob die Lage des Wasserscheidepunktes 10 vorteilhaft ist, oder ob man ihn nicht besser auf den Knotenpunkt 11 verlegt und das nach 27 strömende Wasser zur einen Hälfte über 12 und zur anderen Hälfte über 9 leitet, da im letzteren Falle die der Ringleitung eigentümlichen Vorteile mehr zur Geltung gelangen würden.

Aus den auf diese Weise festgestellten Strömungsverhältnissen ergeben sich sodann in Verbindung mit den ebenfalls ermittelten Entnahmemengen die Belastungen der einzelnen Rohrstränge. Diese setzten sich zusammen aus denjenigen Wassermengen, die der Rohrstrang an seinem Ende weiter geben muß, und aus der auf die ganze Länge gleichmäßig

verteilten Entnahmemenge. Diese Größen bestimmt man
vorteilhaft in einer Tabelle, z. B. in folgender Weise:

1	2	3	4	5	6	7	8
Bezeichnung des Stranges	l	q	ql	Q_n	Q	$Q+ql$	Bemer-kung
1—2	317	0,004	1,268	1,235 4,876 1,201	7,312	8,580	
2—3	185	0,004	0,740	1,824 2,312	4,136	4,876	
2—4	270	0,004	1,080	0,155	0,155	1,235	

usw.

Hierin bedeuten:

l = Länge des Rohrstranges in m.

q = Wasserentnahme für ein m in l/sek.

Q_n = Wasserabgabe des Rohrstrang-Endpunktes an
jeden einzelnen Zweigstrang in l/sek.

Q = Gesamtwasserabgabe = $\Sigma (Q_n)$ in l/sek.

$Q + ql$ = Belastung des Rohrstranges in l/sek. an seinem
Anfangspunkt.

Bei der Aufstellung der Tabelle müssen erst die Spalten
1 bis 4 vollständig für das ganze Rohrnetz ausgefüllt werden,
da erst dann die Zahlen der Spalten 5, 6 und 7 ermittelt werden
können.

Jetzt werden die Rohrstränge zu einer längeren Rohrleitung — Hauptleitung — vereinigt. (Seite 15).

Legt man z. B. in der Fig. 3 im Punkte A die verbleibende
Druckhöhe fest, so ergibt sich als erste Rechnungsfigur die
Leitung A—18—15—6—5—2—1—0, oder umgekehrt 0—1—2
—5—6—15—18—A worin 0—1 die in Fig. 3 nicht mit dargestellte Fallrohrleitung bedeutet. Die Zuleitung zum Behälter, die eigentlich zu dieser Berechnungsfigur gehört, ist
vorläufig hier nicht mit berücksichtigt worden.

Die Belastung Q_x dieser Leitung ist natürlich an jeder
Stelle verschieden. Es ist daher, um ein richtiges Bild der

Wassermengen zu erhalten, vorteilhaft, diese in einem Belastungsdiagramm (Fig. 4) aufzutragen.

Das Belastungsdiagramm ist, wie aus späteren Betrachtungen hervorgehen wird, das Charakteristikum einer jeden

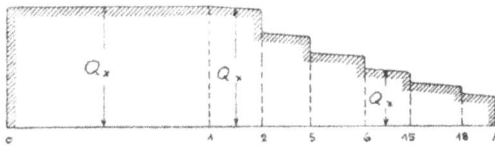

Fig. 4.

Rechnungsfigur und eines jeden Rohrstranges. Man kann an
Hand desselben unter den letzteren die 3 wichtigsten Typen
erkennen:

den Rohrstrang mit konstanter Belastung (Fig. 5),
den Rohrstrang mit konstanter Entnahme (Fig. 6) und
den Rohrstrang mit konstanter Entnahme und Wasserabgabe am Ende (Fig. 7).

Berechnung des Rohrdurchmessers.

Ist für eine Rechnungsfigur das Belastungsdiagramm ermittelt, die Druckhöhe am Anfang und Ende gegeben, so
kann in die Berechnung
des Rohrdurchmessers
eingetreten werden.

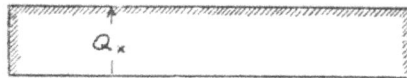

Fig. 5.

**Allgemeine Grund-
lagen.**

Fig. 6.

Hierfür muß man
zunächst eine Entschei-
dung in der Frage tref-
fen, mit welcher der
vielen, von den ver-

Fig. 7.

schiedensten Theoretikern und Praktikern aufgestellten Formeln über die Beziehung zwischen Rohrweite, Druckverlust
und Wassermenge man arbeiten will.

Vernachlässigt man die bei Geschwindigkeitsänderungen,
in Krümmern, Schiebern usw. entstehenden Druckhöhen-

verluste, deren relativ geringe Größen ja doch außerhalb der Genauigkeitsgrenze der den Reibungsverlust bestimmenden Formeln liegen, so beschränkt sich die Berechnung auf die Berücksichtigung des letzteren.

Nun ist die Zahl der Formeln für den Reibungsverlust, wie bereits erwähnt, sehr groß. Die ersten Untersuchungen über dieses Problem wurden von Leonardo d a V i n c i , C a r - t e l l i und T o r i c e l l i angestellt, beruhten jedoch auf falschen Anschauungen. Die ersten brauchbaren Ergebnisse zeitigten die Versuche, die von C o u p l e t in der Mitte des 18. Jahrhunderts an der Wasserleitung von Versailles angestellt wurden. Ihm folgte B o s s u t , C o u l o m b, G i - r a r d , D u b u a t und d'A u b u i s s o n. Sehr exakt und umfangreich sind die Beobachtungen, die D a r c y an der Pariser Wasserleitung anstellte und im Jahre 1858 veröffent- lichte[1]). Auf Grund dieser sowie einer Reihe von Unter- suchungen anderer Forscher sind eine Anzahl von Formeln aufgestellt worden, welche sich in der Mehrzahl in der be- kannten Form

$$H = \lambda \frac{l}{D} \cdot \frac{v^2}{2g} \qquad (4)$$

schreiben lassen.

Hierin bedeuten

H den Druckhöhenverlust in m,
l die Länge der Rohrleitung in m,
D die Durchmesser der Rohrleitung in m,
g die Beschleunigung der Schwere in m/sek²,
v die Geschwindigkeit in m/sek und
λ einen Koeffizienten.

Durch die Größe des letzten unterscheiden sich die ein- zelnen Formeln jedoch recht wesentlich voneinander.

So nahm D u p u i t λ konstant an; W e i ß b a c h be- stimmt es nach der Form:

$$\lambda = a + \frac{b}{\sqrt{v}},$$

---

[1]) Darcy, Recherches expérimentales relatives au mouvement de l'eau dans les tuyeaux, Paris, Mallet-Bochelier.

Prony und Eytelwein aus:

$$\lambda = a + \frac{b}{v},$$

Darcy aus:

$$\lambda = a + \frac{b}{D},$$

de Saint-Vénant aus:

$$\lambda = a \cdot v^b.$$

Hagen macht λ von der Wassertemperatur abhängig:

$$\lambda = \frac{a + b + ct + dt^2}{v \cdot D}.$$

Die Frage, welche von obigen Formeln die mit der Praxis am besten übereinstimmende Resultate erzielt, ist in einer Denkschrift des Verbandes Deutscher Architekten- und Ingenieurvereine: »Druckhöhenverluste in geschlossenen eisernen Rohrleitungen« von Otto Iben ausführlich behandelt worden. Hiernach ist es die Formel von Darcy, welche die besten Werte ergibt; sie hat daher auch mehr und mehr in die Praxis Eingang gefunden und soll den folgenden Berechnungen der Durchmesser zugrunde gelegt werden. Für die Untersuchungen prinzipieller Natur und zur Ableitung allgemeiner Gesetze dagegen soll in Übereinstimmung mit allen[1]), die sich mit diesen Fragen beschäftigt haben, der Formel von Dupuit wegen der Einfachheit ihres Aufbaues der Vorzug gegeben werden.

Dieses System der wechselweisen Benutzung der Formeln von Darcy und Dupuit bedingt allerdings, daß die nach Dupuit abzuleitenden Gesetze nicht unmittelbar den Durchmesser bestimmen dürfen, sondern erst ein Zwischenglied, welches dann seinerseits die Grundlage für die Durchmesserbestimmung nach Darcy bildet. Wie aus den folgenden Rechnungen hervorgehen wird, bedeutet dies einer- seits keine nennenswerte Komplikation, während anderseits die bei direkter Durchmesserbestimmung nach Dupuit,

---

[1]) Forchheimer, a. a. O. Lueger, a. a. O. Smreker, Zeitschr. d. Ver. Deutsch. Ing. 1889, S. 95. Yassukowitch, Journ. f. Gasbel. u. Wasservers. 1906, S. 911.

wie sie in den unten genannten Abhandlungen durchweg durchgeführt wurde, sich einstellenden Unstimmigkeiten zwischen Theorie und Praxis nach Möglichkeit vermieden werden.

Zur näheren Erläuterung dieses mögen zunächst einige Beziehungen an einem ganz allgemeinen Falle festgestellt werden.

In Fig. 8 stellt $A-B$ einen Rohrstrang von beliebigem, veränderlichem Durchmesser D_x dar und die Fläche $a-b-c-d$ das dazu gehörige Belastungsdiagramm ganz allgemeiner Form. Beide Figuren seien gegeben. Greift man an der Stelle $X-X$ ein Längenelement dx heraus, so entspricht ihm ein Druckhöhenverlust

$$dH = \lambda \cdot \frac{v_x^2}{2\,g} \cdot \frac{dx}{D_x},$$

worin

$$\frac{\lambda\,v_x^2}{2\,g\,D_x}$$

berechnet und gleich a gesetzt werden kann.

Daraus ergibt sich

$$a = \frac{dH}{dx} = h_x.$$

h_x ist der Differentialquotient der Druckgefällslinie:

$$H_x = F(x);$$

oder man kann auch sagen: h_x ist der Druckhöhenverlust an der Stelle $X-X$, bezogen auf 1 m Länge.

Trägt man im dritten Diagramm der Fig. 8 die h_x als Ordinaten auf, so erhält man den Inhalt der gestrichelten Fläche zu

$$\int_0^x h_x\,dx = \int_0^x \frac{dH}{dx} \cdot dx = H_x,$$

d. h. der Druckhöhenverlust von A bis $X-X$ ist gleich dem Inhalt der gestrichelten Fläche des h_x-Diagrammes.

In einem vierten Diagramm ist $H_x = F(x)$, d. i. die Druckgefällslinie, als Integralkurve zur vorhergehenden Kurve aufgetragen worden.

Eine Aufgabe der soeben behandelten Form: daß nämlich Q_x und D_x gegeben und die Gefällslinie gesucht ist, kommt in der Praxis seltener vor; in der Regel wird die Bestimmung des Rohrdurchmessers D_x aus der Belastung Q_x und dem gesamten Druckhöhenverlust H verlangt.

Mit H ist auch der Inhalt des Diagrammes des auf die Längeneinheit bezogenen Druckverlustes h gegeben, nicht

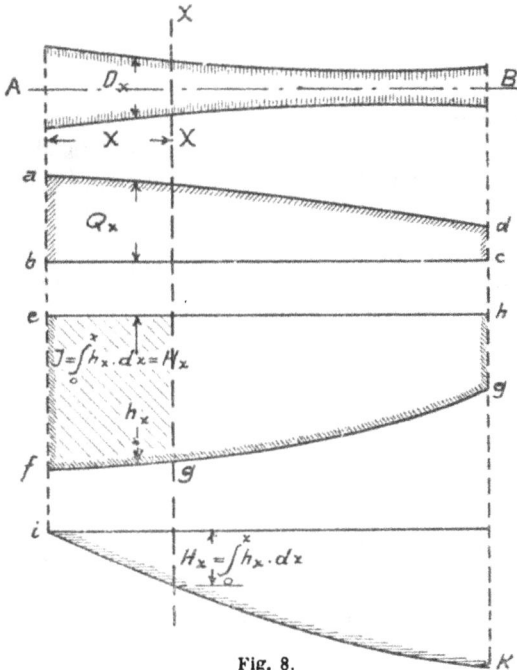

Fig. 8.

aber seine für die Berechnung von D nötige Form. Diese muß erst durch besondere Forderungen, z. B. die des Kostenminimums bestimmt werden.

Durchführung bei Gravitationsanlagen.

Die Bestimmung des Gesetzes für den Verlauf der h_x-Kurve ist nun eine mathematische Aufgabe, die sich für Gravitationsleitungen etwa folgendermaßen präzisieren läßt: Es ist der auf die Längeneinheit bezogene Druckhöhenverlust als Funktion der Länge, $h_x = f(x)$, so zu bestimmen, daß die Kosten der dazugehörigen Rohrleitung ein Minimum werden bei gleichzeitigem Bestehen der Bedingung, daß der ganze Druckhöhenverlust eine bestimmte vorgeschriebene Größe annehmen soll.

Der Druckhöhenverlust läßt sich nach Seite 30 ermitteln aus

$$H = \int_0^l h_x \cdot d\,x.$$

Durch entsprechende Umformung der Gleichung (4) und Zusammenfassung aller Konstanten ergibt sich für den Druckhöhenverlust an der Stelle $X-X$, bezogen auf 1 m Länge:

$$h_x = \frac{Q_x{}^2}{D_x{}^5} \cdot \lambda' \cdot 1 \tag{5}$$

und hiermit der gesamte einzuhaltende Druckhöhenverlust:

$$H = \int_0^l \frac{Q_x{}^2}{D_x{}^5} \cdot \lambda' \cdot d\,x \ . \tag{6}$$

Sämtliche Größen, auch Q_x und λ' sind bei Zahlenrechnungen auf m und sek. zu beziehen. Alle weiteren hier vorkommenden Größen und Koeffizienten sind bei Zahlenrechnungen ebenfalls auf m und sek zu beziehen.

Allgemeiner Fall: Die Kosten eines Rohrstranges pflegt man mit genügender Annäherung proportional dem Durchmesser und der Länge einzusetzen[1]), so daß diese durch die Gleichung

$$K = m \cdot D \cdot l \tag{7}$$

ausgedrückt werden können.

Hierin bedeuten $\quad\quad\quad\quad 2$

K die Kosten der Rohrleitung in Mark,
m eine bestimmte Erfahrungsziffer, die sich nach der jeweiligen Preislage richtet,
l die Länge der Rohrleitung in Metern,
D den Durchmesser der Rohrleitung in Metern.

---

[1]) Dieselben Annahmen machen: Smreker, Zeitschr. d. Ver. Deutsch. Ing. 1889, S. 95; Forchheimer 1889, S. 365; P. Willner 1890, S. 103; Lueger a. a. O., S. 615. Vgl. auch die abweichende Annahme Frühlings a. a. O.

Für den vorliegenden allgemeinen Fall einer Rohrleitung, deren Durchmesser sich ändert, nimmt Gleichung 7 die Form an:

$$K = \int_0^l m \cdot D_x \cdot d x \qquad (8)$$

Dieser Wert soll nun ein Minimum werden bei gleichzeitigem Bestehen der Bedingungsgleichung (6).

Soll ein Ausdruck:

$$\int \varphi (y)\, d x = \min$$

werden bei gleichzeitigem Bestehen der Gleichung

$$\int f (y)\, d x = A,$$

so ergibt sich nach der Lehre der Variationsrechnung y als Funktion von x aus der Gleichung

$$\frac{\delta \varphi}{\delta y} + \varepsilon \cdot \frac{\delta f}{\delta y} = 0 \qquad (9)$$

und ε aus der Gleichung

$$\int f (y)\, d x = A.$$

Der gefundene Wert von y liefert das Minimum, wenn der Ausdruck

$$\frac{\delta^2 \varphi}{\delta y^2} - \frac{\delta^2 f}{\delta y^2} \cdot \frac{\dfrac{\delta \varphi}{\delta y}}{\dfrac{\delta f}{\delta y}} \qquad (10)$$

für alle x zwischen o und l positiv wird.

Im vorliegenden Fall ist

$$y = D_x$$

und

$$f (y) = \frac{Q_x^2}{D_x^5} \cdot \lambda'$$

$$\varphi (y) = m D_x.$$

Durch weitere Behandlung der Gleichung (9) erhält man:

$$m - \varepsilon \cdot \frac{5 Q_x^2 \lambda'}{D_x^6} = 0. \qquad (11)$$

Die Untersuchung dieser Gleichung nach (10) ergibt

$$\frac{30 Q_x^2 \lambda'}{D_x^7} \cdot \frac{m \cdot D_x^6}{5 Q_x^2 \lambda'} = \frac{6 m}{D_x},$$

also einen positiven Wert, so daß Gleichung (11) die Bedingungsgleichung für das Kostenminimum darstellt. In weiterer Entwicklung liefert sie

$$D_x = \sqrt[6]{\frac{5\,\varepsilon}{m} \cdot \lambda' Q_x^2}$$

oder, wenn man die Konstanten

$$\sqrt[6]{\frac{5\,\varepsilon}{m}\lambda'}$$

zusammenfassend μ nennt:

$$D_x = \mu \cdot \sqrt[3]{Q_x}. \tag{12}$$

Durch Einführung dieses Wertes in Gleichung (6) erhält man

$$H = \int_0^l \mu^{-5} \cdot \lambda' \sqrt[3]{Q_x} \cdot dx$$

oder mit

$$\mu^{-5} \cdot \lambda' = C$$

$$H = \int_0^l C \cdot \sqrt[3]{Q_x} \cdot dx. \tag{13}$$

Hieraus berechnet sich

$$C = \frac{H}{\int_0^l \sqrt[3]{Q_x} \cdot dx} \tag{14}$$

und durch Vergleich der Gleichung (13) mit der allgemeinen Druckverlustgleichung

$$H = \int_0^l h_x \cdot dx$$

findet man

$$h_x = C \sqrt[3]{Q_x} \tag{15}$$

Aus Gleichung (12) und (15) geht hervor, daß für den Fall des Kostenminimums die Druckhöhenverluste, bezogen auf die Längeneinheit, proportional den zugehörigen Rohrdurchmessern sein müssen, allerdings unter der Voraussetzung, daß λ nach D u p u i t konstant ist. Mithin liefert die Differentialkurve zur Druckgefällslinie bei richtiger Wahl des Maßstabes die Durchmesserkurve.

In dem allgemeinen Fall der Fig. 8, wo Q_x als $f(x)$ nicht in analytischer Form, sondern durch eine Kurve gegeben ist, läßt sich die Konstante C in sehr einfacher Weise durch graphische Integration im Nenner auswerten. In den in der Praxis vorkommenden Fällen ist aber fast stets die lineare Gesetzmäßigkeit für Q_x vorhanden, wie die drei Typen der Rohrnetzelemente (Fig. 5, 6, 7) zeigen, so daß das Integral stets analytisch lösbar ist.

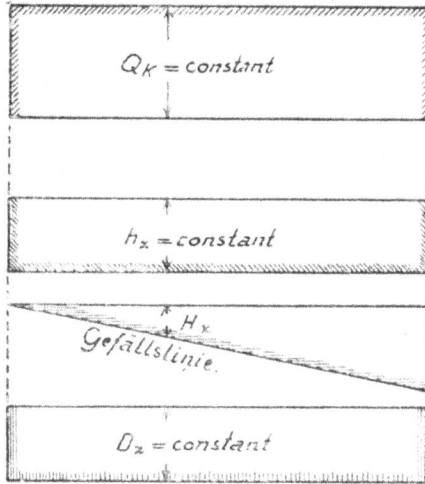

Fig. 9.

Am einfachsten gestalten sich die Verhältnisse bei einem Rohrstrange mit konstanter Belastung (Fig. 9).

Das Charakteristikum dieses Falles lautet $Q_x =$ konst. und soll daher mit Q_k bezeichnet werden.

Hiermit wird auch der auf die Längeneinheit bezogene Druckverlust (Gleichung 15)

$$h_x = C \cdot \sqrt[3]{Q_k} \qquad (16)$$

konstant und damit auch der Rohrdurchmesser.

Das in der Praxis stets übliche Verfahren, Rohrleitungen bei konstanter Belastung mit konstantem Durchmesser zu konstruieren, findet hierin eine Begründung.

3*

Die Konstante C berechnet sich, durch Einführung von Q_k in die Gleichung (14) zu

$$C = \frac{H}{\int_0^l \sqrt[3]{Q_k} \cdot dx} = \frac{H}{l \sqrt[3]{Q_k}} \tag{17}$$

Die Druckgefällslinie ist durch die Gleichung

$$H_x = C \int_0^x \sqrt[3]{Q_k} \cdot dx = C \sqrt[3]{Q_k} \cdot x$$

$$= \frac{H \cdot \sqrt[3]{Q_k} \cdot x}{l \sqrt[3]{Q_k}} = H \frac{x}{l} \tag{18}$$

als Gerade bestimmt, ein bekanntes Resultat. Durch Einführung des Wertes von C in Gleichung (16) ergibt sich

$$h_x = \frac{H \cdot \sqrt[3]{Q_k}}{\sqrt[3]{Q_k} \cdot l} = \frac{H}{l} \tag{19}$$

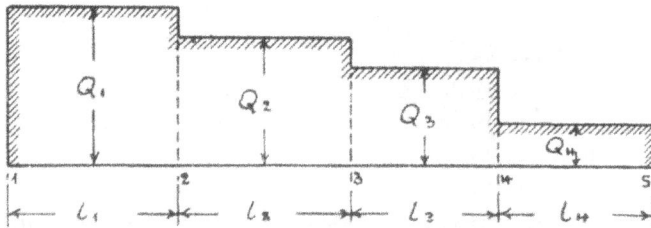

Fig. 10.

Aneinander-
reihung von
Rohrsträngen
mit konstanter
Belastung. Praktische Bedeutung erlangen die soeben durchgeführten Spezialisierungen erst bei der Zusammensetzung mehrerer Elemente mit konstanter Belastung zu einer Rechnungsfigur. So möge die Belastung einer Leitung (Fig. 10)

von 1 bis 2 [Rohrlänge l_1] . . . Q_1
» 2 » 3 [Rohrlänge l_2] . . . Q_2
» 3 » 4 [Rohrlänge l_3] . . . Q_3
» 4 » 5 [Rohrlänge l_4] . . . Q_4

betragen, wie es durch das Belastungsdiagramm der Fig. 10 dargestellt wird. Es wird verlangt, daß der Druckhöhenverlust am Ende H beträgt. Gesucht sind die wirtschaftlich günstigsten Rohrdurchmesser. Der auf die Längeneinheit bezogene Druckhöhenverlust h_x ist nach Gleichung (16) in den einzelnen Rohrsträngen konstant und nimmt in den einzelnen Abschnitten die Werte h_1, h_2, h_3 und h_4 an.

Nach Gleichung (15) ist

$$h_x = C \sqrt[3]{Q_x},$$

mithin im vorliegenden Falle

$$\left. \begin{aligned} h_1 &= C \sqrt[3]{Q_1} \\ h_2 &= C \sqrt[3]{Q_2} \\ h_3 &= C \sqrt[3]{Q_3} \\ h_4 &= C \sqrt[3]{Q_4} \end{aligned} \right\} \tag{20}$$

Ferner ist nach Gleichung 14

$$C = \frac{H}{\int_0^l \sqrt[3]{Q_x} \cdot dx}$$

$$= \frac{H}{\int_0^{l_1} \sqrt[3]{Q_1}\, dx + \int_0^{l_2} \sqrt[3]{Q_2}\, dx + \int_0^{l_3} \sqrt[3]{Q_3}\, dx + \int_0^{l_4} \sqrt[3]{Q_4}\, dx}$$

$$= \frac{H}{l_1 \sqrt[3]{Q_1} + l_2 \sqrt[3]{Q_2} + l_3 \sqrt[3]{Q_3} + l_4 \sqrt[3]{Q_4}}$$

oder allgemein

$$C = \frac{H}{\Sigma (l \sqrt[3]{Q})}. \tag{21}$$

C ist hieraus berechenbar.

Nunmehr lassen sich die einzelnen Werte h_1, h_2, h_3 und h_4 durch Einsetzen des gefundenen Wertes von C ebenfalls ermitteln, so daß die Rohrdimensionierung aus Q_1, h_1 resp. Q_2, h_2 usw. in den einzelnen Abschnitten nach D a r c y erfolgen kann.

Die Druckgefällslinie stellt eine gebrochene Linie dar und kann aus dem Diagramm des auf die Längeneinheit bezogenen Druckverlustes als Integralkurve ohne Schwierigkeiten konstruiert werden. Ihre Gleichungen lauten:

$$\left.\begin{aligned}
H_{x\,(1)} &= \frac{H}{\Sigma\,(l\sqrt[3]{Q})}\cdot\sqrt[3]{Q_1}\cdot x,\ \text{Höchstwert } H_1, \\
H_{x\,(1,2)} &= \frac{H}{\Sigma\,(l\sqrt[3]{Q})}\cdot\sqrt[3]{Q_2}\cdot(x-l_1)+H_1\ \text{usw.}
\end{aligned}\right\} \quad (22)$$

Fall II: Konstante Wasserentnahme. Der Rohrstrang mit konstanter Wasserabgabe wird bestimmt durch die Gleichungen: $q = $ konst.

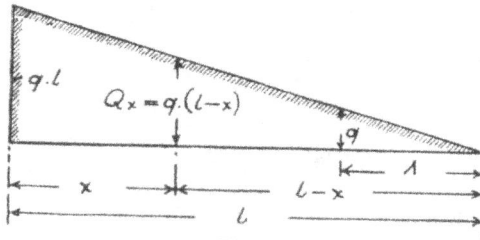

Fig. 11.

und
$$Q_x = q\,[l - x],$$

worin q die Wasserentnahme für die Längeneinheit bedeutet, wie aus Fig. 11 ohne weiteres hervorgeht. Die Einführung dieses Wertes in Gleichung (15) ergibt:

$$h_x = C\,\sqrt[3]{q\cdot(l-x)} \quad (23)$$

und in Gleichung (14)

$$C = \frac{H}{\displaystyle\int_0^l \sqrt[3]{q}\,\sqrt[3]{l-x}\,d_x}.$$

Die Auswertung des im Nenner stehenden Integrales:

$$J = \int_0^l \sqrt[3]{q}\cdot\sqrt[3]{l-x}\cdot d\,x$$

ergibt

$$J = \frac{3}{4}\sqrt[3]{q} \left| (l-x)\sqrt[3]{l-x} \right|_{x=l}^{x=0}$$

$$= \frac{3}{4}\sqrt[3]{q} \cdot l \cdot \sqrt[3]{l}.$$

Hieraus ermittelt sich die Konstante

$$C = \frac{H}{\frac{3}{4}\sqrt[3]{q} \cdot l\sqrt[3]{l}} \qquad (24)$$

und das Gesetz für den auf die Längeneinheit bezogenen Druckhöhenverlust zu

$$h_x = \frac{H \cdot \sqrt[3]{q} \cdot \sqrt[3]{l-x}}{\frac{3}{4}\sqrt[3]{q} \cdot l \cdot \sqrt[3]{l}}$$

$$= \frac{4}{3}\frac{H}{l}\sqrt[3]{\frac{l-x}{l}} \qquad (25)$$

Diese Gleichung besagt, daß der auf die Längeneinheit bezogene, dem wirtschaftlich günstigsten Rohrquerschnitte entsprechende Druckhöhenverlust unabhängig ist von der Größe der konstanten Wasserentnahme. Dasselbe gilt dann natürlich auch von dem absoluten Druckverlust oder von der Druckgefällslinie, die Gleichung für letztere lautet:

$$H_x = \int_0^x h_x \cdot dx$$

$$= \int_0^x \frac{4}{3}\frac{H}{l}\sqrt[3]{\frac{l-x}{l}} \cdot dx$$

$$H_x = \frac{4}{3}\frac{H}{l\sqrt[3]{l}} \cdot \frac{3}{4}\left| (l-x)\sqrt[3]{l-x} \right|_{x=x}^{x=0}$$

$$= H - \left[H\frac{l-x}{l}\sqrt[3]{\frac{l-x}{l}} \right]$$

$$H_x = H\left(1 - \frac{l-x}{l}\sqrt[3]{\frac{l-x}{l}}\right) \qquad (26)$$

Der zu dieser Gefällslinie gehörige Rohrdurchmesser bestimmt sich nach D a r c y in jedem Schnitte aus h_x und Q_x.

Nicht selten findet sich in der Praxis der Fall, daß der Leitungsstrang mit konstantem Durchmesser D vorhanden ist und die entsprechenden Druckverhältnisse bei konstanter

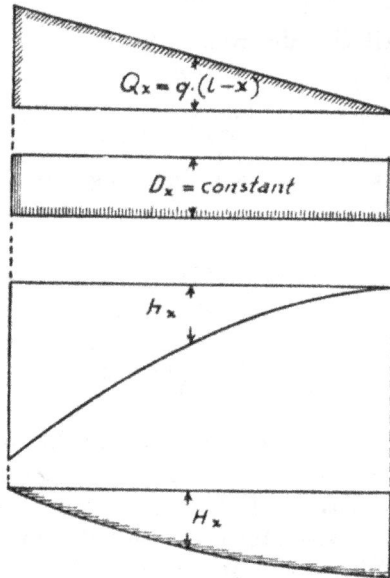

Fig. 12.

Wasserentnahme untersucht werden sollen (Fig. 12). Es wird dann

$$h_x = \frac{Q_x^2}{D^5} \, \lambda'$$

$$= \frac{q^2 \, \lambda'}{D^5} \, (l - x)^2$$

und

$$H_x = \int_0^x \frac{q^2 \, \lambda'}{D^5} \, (l - x)^2 \, d x$$

$$= \frac{1}{3} \, \frac{q^2}{D^5} \, \lambda' \left(1 - \sqrt[3]{\frac{l - x}{l}} \right) \sqrt[3]{l}.$$

Die Kurve des auf die Längeneinheit bezogenen Druckhöhen-
verlustes wird demnach eine Parabel, die Druckgefällslinie
eine Kurve dritter Ordnung der absolute Druckverlust am
Ende der Leitung, dargestellt durch den Inhalt der Parabel,

$s = \frac{1}{3} h \cdot l$, beträgt demnach den dritten Teil desjenigen Druck-

verlustes, der entstanden wäre, wenn die ganze Wassermenge
am Ende der Leitung entnommen worden wäre, eine Be-
stätigung eines bereits bekannten Resultates. Natürlich liefert
eine solche Anlage kein Kostenminimum.

Die Belastung eines Rohrstranges mit konstanter Wasser- *Fall III: Kon-*
entnahme und Einzelabgabe am Ende ist bestimmt durch *stante Wasser-*
entnahme und
die Gleichung *Einzelabgabe*
am Ende.

$$Q_x = Q_e + q(l - x), \qquad (27)$$

wie aus der Fig. 13 hervorgeht. In dieser ist die Wassermenge
am Anfang Q_a, die am
Ende Q_e genannt.

Es ergibt sich die Größe
des auf die Längeneinheit
bezogenen Druckverlustes:

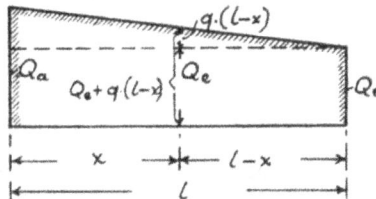

Fig. 13.

$$h_x = C \cdot \sqrt{Q_e + q(l - x)}$$

und die Konstante

$$C = \frac{H}{\int_0^l \sqrt[3]{Q_e + q(l - x} \cdot dx}$$

$$= \frac{H \cdot q}{\Big|_{x=l}^{x=0} \frac{3}{4}[Q_e + q(l - x)]\sqrt[3]{Q_e + q(l - x)}}$$

$$= \frac{H}{\frac{3}{4q}(Q_a\sqrt[3]{Q_a} - Q_e\sqrt[3]{Q_e})} \qquad (28)$$

Hiermit bestimmt sich die Gleichung für h_x:

$$h_x = \frac{4 \cdot H \cdot q \sqrt[3]{Q_e + q\,(l-x)}}{3\,(Q_a \sqrt[3]{Q_a} - Q_e \sqrt[3]{Q_e})} \qquad (29)$$

und für die Gefällslinie:

$$H_x = \int_0^x h_x \cdot dx = C \cdot \int_0^x \sqrt[3]{Q_e + q\,(l-x)}\, dx$$

$$= C \cdot \left|_{x=0} \frac{[Q_e + q\,(l-x)]\sqrt[3]{Q_e + q\,(l-x)}}{\frac{4}{3}\,q}\right._{x=x}$$

$$= C \cdot \frac{(Q_e + ql) \cdot \sqrt[3]{Q_e + ql} - [Q_e + q\,(l-x)]\sqrt[3]{Q_e + q(l-x)}}{\frac{4}{3}\,q}.$$

Nun ist $Q_e + ql = Q_a$; dies ergibt bei gleichzeitigem Einsetzen des Wertes von C;

$$H_x = \frac{H \cdot \left[Q_a \sqrt[3]{Q_a} - (Q_e + q\,(l-x))\sqrt[3]{Q_e + q\,(l-x)}\right]}{Q_a \sqrt[3]{Q} - Q_e \cdot \sqrt[3]{Q_e}} \qquad (30)$$

Fall IV:
Anwendung für
die Rechnungs-
figur eines
Rohrnetzes.

Wie oben ausgesprochen wurde, ist die Berechnung einzelner Rohrstränge in der Praxis ein seltener Fall; vielmehr handelt es sich meist um größere, aus einzelnen Strängen bestehende Rechnungsfiguren (Vgl. S. 15, 20 u. 24), wie eine solche in Fig. 14 dargestellt wird.

Die im folgenden benutzten Bezeichnungen der einzelnen Größen sind in die Figur eingeschrieben.

Auch hier gilt das allgemeine Gesetz (15)

$$h_x = C \cdot \sqrt[3]{Q_x}$$

und (14)

$$C = \frac{H}{\int_0^l h_x\, dx}.$$

Das im Nenner stehende Integral zerfällt im vorliegenden Fall in folgende Einzelintegrale:

$$\int_0^L h_x\,dx = \int_0^{l_1} h_x\,dx + \int_{l_1}^{l_2} h_x\,dx + \cdots \int_{l(n-1)}^{ln} h_x\,dx + \int_{ln}^{(n+1)} h_x\,dx + \cdots \int_{l(z-1)}^{lz} h_x\,dx,$$

welche bereits im vorhergehenden gelöst sind. Durch Einsetzen der dort gefundenen Werte und Zusammenfassung der Ausdrücke gleicher Art ergibt sich

$$C = \frac{H}{\Sigma(\sqrt[3]{Q_K} \cdot l) + \Sigma\left[\dfrac{3}{4\,q} \cdot (Q_a \sqrt[3]{Q_a} - Q_e \sqrt[3]{Q_e})\right]}, \quad (31)$$

wobei Q_K die Wassermenge in den einzelnen Abschnitten der Fig. 14 und l die zu Q_K gehörige Stranglänge ist.

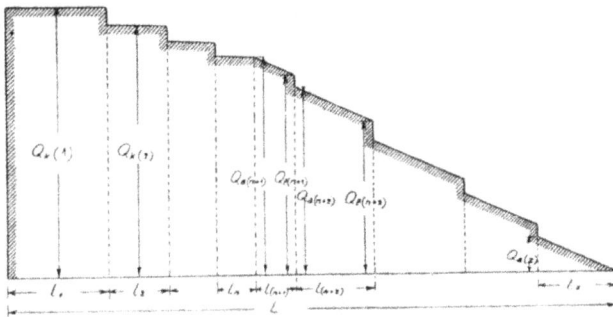

Fig. 14.

Hieraus lassen sich ohne weiteres die Gesetze für h_x und H_x ableiten, indem man den gefundenen Wert von C in die folgenden Gleichungen einsetzt:

$$
\left.
\begin{aligned}
h_{x(1)} &= C \cdot \sqrt[3]{Q_{K(1)}} \\
h_{x(2)} &= C \cdot \sqrt[3]{Q_{K(2)}} \quad \text{usw.} \\
h_{x(n)} &= C \cdot \sqrt[3]{Q_{K(n)}} \\
h_{x(n+1)} &= C \cdot \sqrt[3]{Q_{e(n+1)} + q\,(l_{(n+1)} - x)} \\
h_{x(n+2)} &= C \cdot \sqrt[3]{Q_{e(n+2)} + q \cdot (l_{(n+2)} - x)} \\
h_{x(z)} &= C \cdot \sqrt[3]{Q_{e(z)} + q \cdot (l_z - x)}
\end{aligned}
\right\} \quad (32)
$$

Und ferner:

$$H(l_1) = C \cdot \sqrt[3]{Q_{K(1)}} \cdot x$$

$$H(l_2) = C \cdot \sqrt[3]{Q_{K(2)}} \cdot x + H(l_1)$$

$$H(l_{1,\,2,\,\cdots n}) = C \cdot \sqrt[3]{Q_{K(n)}} \cdot x + H(l_{1,\,2,\,\cdots n-1})$$

$$H(l_{1,\,2,\,\cdots n,\,(n+1)}) = \frac{C}{\frac{4}{3}\,q} \cdot \Big[Q_{a(n+1)} \sqrt[3]{Q_{a(n+1)}} -$$

$$- [Q_{e(n+1)} + q\,(l_{(n+1)} - x)]$$

$$\sqrt[3]{Q_{e(n+1)} + q\,(l_{(n+1)} - x)}] +$$

$$+ H(l_{1,\,2,\,\cdots n})$$

$$H(l_{1,\,2\,\cdots n,\,(n+1),\,\cdots z}) = \frac{C}{\frac{4}{3}\,q} \cdot \Big[Q_{a(z)} \sqrt[3]{Q_{a(z)}} -$$

$$- [Q_{e(z)} + q\,(l_z - x)] \sqrt[3]{Q_{e(z)}} +$$

$$+ q\,(l_z - x)] + H(l_{1,\,2,\,\cdots (z-1)})$$

(33)

Analytisches Verfahren.

Hiermit sind für alle Fälle, welche in der Praxis der Rohrnetzberechnung vorkommen, die Gleichungen der dem Kostenminimum entsprechenden Gefällslinien ermittelt, so daß die Größe des absoluten Druckverlustes sich für jeden Punkt der Leitung analytisch berechnen läßt. Aus den ebenfalls für alle Fälle ermittelten Gleichungen des auf die Längeneinheit bezogenen Druckverlustes und den dazugehörigen Belastungsgleichungen lassen sich mit Hilfe der Formel von D a r c y oder jeder beliebigen anderen die Rohrdurchmesser für jeden Punkt bestimmen.

Die Aufgabe der Rohrnetzberechnung, Druckverluste und Rohrdurchmesser zu bestimmen, wäre also mit Benutzung der hier abgeleiteten Formeln, die übersichtlich in einer beigefügten Tabelle zusammengestellt sind, auf rein analytischem Wege lösbar. Jedoch würde die Durchrechnung einer größeren Rechnungsfigur selbst dem ausgesprochenen Freund rein analytischer Methoden das Verfahren sehr bald verleiden, wie schon ein Blick auf die beiliegende Tafel lehrt.

Graphisches Verfahren.

Es erscheint daher die Durchbildung einer graphischen Methode zur Gewinnung der h_x-, H_x- und D_x-Kurven auf einem einfachen Wege durchaus erwünscht, wenn die bisherigen Eröterungen einen Wert für die Praxis überhaupt erlangen sollen. Ein solches soll im folgenden entwickelt werden.

Hierfür ist zunächst die Belastung der Rohrleitung nicht in Form einer Gleichung, sondern in Form eines Diagramms darzustellen; zur Konstruktion des letzteren geben die nach dem auf Seite 26 angegebenen Schema aufzustellenden Tabellen die erforderlichen Unterlagen. Das Diagramm bietet den Vorteil, daß die Durchflußmenge Q_x in jedem beliebigen Punkte ohne weiteres abgegriffen, in den weiteren Rechnungen daher unentwickelt mitgeführt werden kann. *Belastungs-diagramm.*

Dem Verfasser ist es gelungen, die unbequeme und häufig anzusetzende Gleichung *Konstruktion der h_x-Kurve.*

$$h_x = C \sqrt[3]{Q_x},$$

die wegen der Unstetigkeitsstellen im Belastungsdiagramm zu besonders häufiger Wiederholung des Ansatzes zwingt, in einfachster Weise durch folgendes graphisches Verfahren zu umgehen: für jeden einzelnen Rohrstrang liefert die obige Beziehung entsprechend dem Werte Q_x ein neues Stück kubischer Parabel; es gelingt aber, alle diese verschiedenen Kurven mittels einer einzigen, einmal festzulegenden Parabel darzustellen:

Man zeichne in Fig. 15 eine Grundkurve

$$z = \sqrt{Q_x},$$

trage im Abszissenpunkte $z = 1$ die Lotrechte C auf und ziehe vom Ursprung des Achsenkreuzes einen Fahrstrahl durch den Endpunkt von C, so wird von der Verlängerung der Ordinate der Parabel, die die Größe Q_x hat, das Stück $C \sqrt[3]{Q_x}$ durch den Fahrstrahl abgeschnitten. Die Grundkurve $z = \sqrt[3]{Q_x}$ schneidet man sich vorteilhaft als Kurvenlineal aus, da ihre Benutzung sich bei jeder Rechnungsfigur wiederholt.

Für die Ermittelung der Konstanten C, die für die soeben durchgeführte Konstruktion benötigt wird, bleibt die analatische Lösung der hierfür aufgestellten Gleichungen das

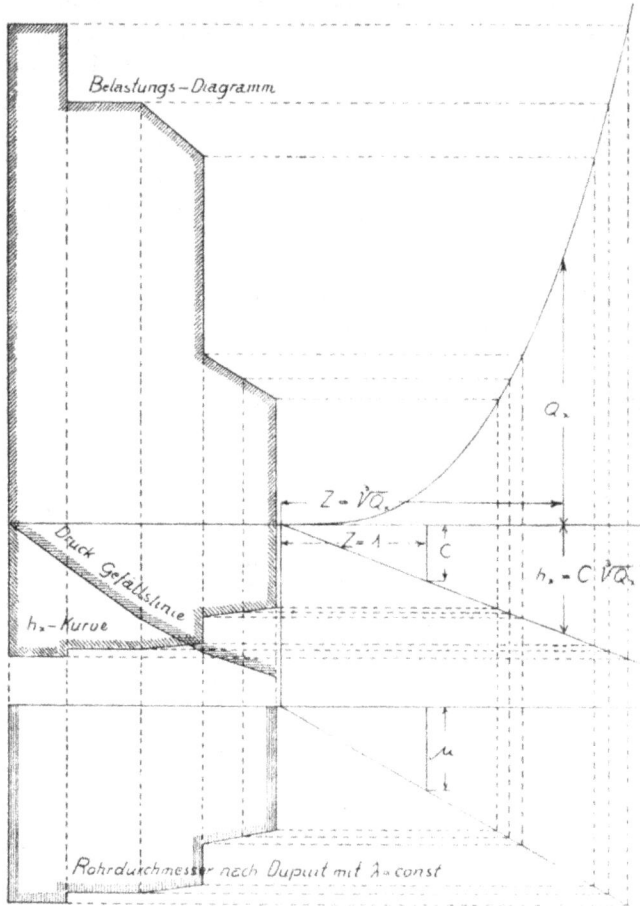

Fig. 15.

einfachste Mittel. Da sie aber für jede Rechnungsfigur nur einmal ermittelt zu werden braucht, ist der erforderliche Zeitaufwand hierfür nicht beträchtlich.

Tabellarisch zusammengestellt sind die oben abgeleiteten Werte für C bei den einzelnen Belastungsfällen die folgenden:

Q_x		
C	$\dfrac{H}{l \sqrt[3]{Q_k}}$	$\dfrac{H}{\frac{3}{4}l \cdot \sqrt[3]{l \cdot q}}$
Q_x		
C	$= \dfrac{H}{\frac{3}{4}q \cdot (Q_a \sqrt[3]{Q_a} - Q_e \sqrt[3]{Q_e})}$	$= \dfrac{H}{\Sigma(\sqrt[3]{Q_k} \cdot l_k) + \Sigma(\frac{3}{4q} \cdot (Q_a \sqrt[3]{Q_a} - Q_e \sqrt[3]{Q_e})}$

Die Druckgefällslinie ergibt sich als Integralkurve der h_x-Kurve (S. 30).

Konstruktion der Druckgefällslinie.

Die Konstruktion des Rohrdurchmessers wäre sehr einfach, wenn sie nach Dupuit erfolgen könnte. Für sorgfältige Berechnungen ist dies zwar wegen der Ungenauigkeit der ermittelten Resultate nicht ratsam, für überschlägige Rechnungen wird man jedoch bisweilen das Verfahren seiner Einfachheit halber vorziehen, weshalb es hier kurz erwähnt werden möge.

Konstruktion des Rohrdurchmessers.

Die Gleichung (12)

$$D_x = \mu \sqrt[3]{Q_x}$$

ist ebenso aufgebaut wie die für die Konstruktion der h_x-Kurve benutzte Gleichung (15). Es kann daher die für diese bereits ausgeführte Hilfskonstruktion gleichzeitig für die Konstruktion des Durchmessers benutzt werden, wenn man an Stelle der Größe C die Größe μ aufträgt und den ent sprechenden Strahl durch den Koordinaten-Anfangspunkt zieht. In Fig. 15 ist die Konstruktion durchgeführt.

Die Größe des Koeffizienten μ berechnet sich aus der Beziehung

$$\frac{\lambda'}{\mu^5} = C,$$

worin λ' der Dupuitsche Koeffizient $= 0,00243$ ist; alles auf m und sek bezogen.

Bei Benutzung der genaueren Darcyschen Formel ist eine solche Konstruktion nicht möglich, weil dort der Koeffizient λ eine Funktion des Rohrdurchmessers ist. Anderseits würde eine Ausrechnung der Darcyschen Formel wegen der häufigen Wiederholung recht lästig sein. Es fehlt nun nicht an Vorschlägen, welche auf eine bequeme und schnelle Lösung dieser Aufgabe hinzielen.

Hierher gehören in erster Linie die Tabellen, in denen die Beziehungen zwischen v, D und h für gewisse Werte zusammengestellt sind, wie solche von Dupuit[1]), Claudel und Darcy zuerst angegeben worden sind. Spätere Autoren führten durch entsprechende Umformungen der Grundgleichung an Stelle des Wertes v den von Q_x ein und stellten hiermit ähnliche Tabellen auf. Solche Zusammenstellungen finden sich in den meisten Taschen- und Lehrbüchern. Erwähnt seien hier nur die Arbeiten von L ö f f e l[2]), Halbertsma, Grahn und Lueger.

Obgleich diese Tabellen die Arbeit des Berechnens schon wesentlich erleichtern, bildet das bei ihrer Benutzung erforderliche Interpolieren immerhin noch einen Übelstand, der bei der graphischen Auftragung der Tabellen vermieden

---

[1]) Dupuit: Traité de la conduite et de la distribution des eaux. Claudel: Formules, tables et renseignements usuels. Paris, Dunod. Darcy: a. a. O.

[2]) Löffel: Prakt. Verfahren bei der Berechnung der Röhrenweiten für Wasserleitungen, Deutsche Bauztg. 1878, S. 290. — Halbertsma: Tabelle der Wassermenge pro Min. nach Darcy, Journ. f. Gasbel. u. Wasservers. 1892, S. 154. — Grahn: Tabellen der Wassermengen usw., Journ. f. Gasbel. u. Wasservers. 1892, S. 368. — Lueger: a. a. O.

wird. Von den zahlreichen hierher gehörigen Arbeiten[1]) seien hier die von Schmidt, Thiem und Frank genannt.

Ähnlicher graphischer Tabellen bedient man sich auch vielfach bei der Berechnung von Kanalisationsrohren.[2])

Für letztere benutzt Verfasser an Stelle der Tabellen einen Rechenschieber, welcher den Vorteil größerer Handlichkeit vor den Tabellen voraus hat; dieser beruht auf der abgekürzten Formel von Ganguillet-Kutter, welche durch Umformen leicht auf die Form

$$\frac{Q}{\sqrt{J}} = F \cdot \sqrt{R} \, \frac{\frac{1}{n} + (1 + 23\,n)\,\sqrt{R}}{23\,n + \sqrt{R}}$$

gebracht werden kann. Hierin bedeuten:

$Q =$ Wassermenge in cbm/sek
$F =$ Querschnitt in qm
$R =$ Profilradius in m
$J =$ relatives Gefälle
$n =$ Rauhigkeitskoeffizient.

Die rechte Seite dieser Gleichung ist allein vom Profil der Leitung abhängig, möge daher $f\,(L)$ genannt werden.

Hiermit ist

$$\frac{Q}{\sqrt{J}} = f\,(L)$$

oder

$$l_n Q + \frac{1}{2}\,l_n\left(\frac{1}{J}\right) = l_n f\,(L)$$

eine Form, die die Anwendung des bekannten Rechenschieberprinzips ohne weiteres ermöglicht.

---

[1]) Schmidt, Über Diagramme für Wasserleitungsrohre, Der prakt. Maschinenkonstrukteur 1876, S. 450. — Thiem, Über graph. Durchmesserbestimmung v. Wasserleitungen, Journ. f. Gasbel. u. Wasserversorg. 1885, S. 748. — Frank, Die Formeln über die Bewegung des Wassers in Röhren, Der Zivilingenieur 1881, S. 161. —

[2]) Hobrecht, Kanalisation von Berlin. — Frank, Graphische Darstellung zur Bestimmung der Drainrohrweiten, Deutsche Bauztg. 1889, S. 237.

Analog würde man ohne Zweifel auch einen Rechenschieber für Wasserleitungsrohre mit Benutzung der Darcyschen Formel konstruieren können.

Für den vorliegenden Fall ist aber eine graphische Konstruktion besser am Platze, weil alle in Betracht kommenden

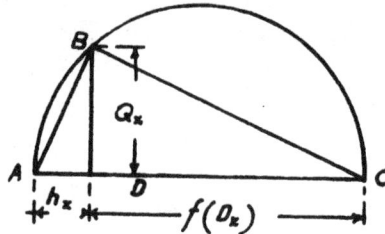

Fig. 16.

Größen nicht als Zahlen, sondern als Strecken gegeben resp.
gesucht werden.

Schreibt man nun die Darcysche Gleichung (5) in der Form

$$h_x = Q_x{}^2 \cdot \frac{\lambda}{2\,g\,D_x \left(\dfrac{D_x{}^2\,\pi}{4}\right)^2}$$

und schreibt

$$\frac{2\,g\,D_x \left(D_x{}^2\,\dfrac{\pi}{4}\right)^2}{\lambda} = f(D_x),$$

so ergibt sich

$$h_x \cdot f(D_x) = Q_x{}^2, \tag{34}$$

eine Beziehung, welche die graphische Konstruktion von Q_x als
mittlere Proportionale von h_x und $f(D_x)$ ermöglicht (Fig. 16).

Die Werte von $f(D_x)$ sind in folgender Tabelle zusammengestellt:

D	80	100	125	150	175	200	225
$f(D)$	0,001513	0,004841	0,0150407	0,039456	0,087142	0,1730711	0,3157696
D	250	275	300	350	400	450	500
$f(D)$	0,539798	0,877474	1,361598	2,984622	5,845792	10,634985	18,094119
D	550	600	700	800	900	1000	
$f(D)$	29,285847	45,465258	98,745448	193,271824	349,474303	593,288631	

Trägt man sich diese Werte als Abszissen, die dazugehörigen Werte von D_x als Ordinaten auf, so erhält man ein
Diagramm, welches man (Fig. 17) zwecks bequemer Handhabung nach der punktiert gezeichneten Linie ausschneiden
kann.

Ist z. B. eine Konstruktion nach Fig. 16 zur Bestimmung
von D_x aus Q_x und h_x durchgeführt, so legt man den lineal-
artig ausgebildeten Teil des Diagrammes an $D-C$ an, so daß
man die Größe von D_x entweder ablesen oder als Kurven-
ordinate abgreifen kann.

Hiermit ist bei Benutzung des Hilfsdiagrammes eine bequeme graphische Konstruktion der D_x-Kurve nach Darcy
(Fig. 15) ermöglicht, so daß die Berechnung als abgeschlossen
betrachtet werden kann.

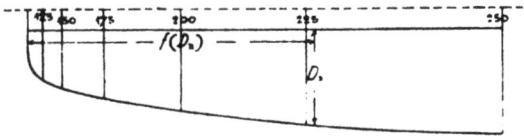

Fig. 17.

Es erübrigt lediglich, die ermittelten Rohrdurchmesser
durch handelsübliche Weiten zu ersetzen.

Die graphische Ermittelung des Rohrdurchmessers nach
Darcy kann auch durch ein Annäherungsverfahren im An-
schluß an die einfache, für die Berechnung nach Dupuit an-
gegebene Konstruktion ausgeführt werden.

Bezeichnet man den Koeffizienten von Darcy mit λ', den
von Dupuit mit λ'', den Rohrdurchmesser von Darcy mit D_1,
den von Dupuit mit D_2, so gelten die beiden Gleichungen:

$$D_1{}^5 = \frac{Q_x^2}{h_x} \cdot \lambda'$$

und

$$D_2{}^5 = \frac{Q_x^2}{h_x} \cdot \lambda''.$$

Durch Division beider Gleichungen ergibt sich

$$D_1 : D_2 = \sqrt[5]{\lambda'} : \sqrt[5]{\lambda''}$$

oder

$$D_1 = D_2 \sqrt[5]{\frac{\lambda'}{\lambda''}}.$$

Trägt man sich diese Werte als Ordinaten unter die Hilfskurve $z = \sqrt[3]{Q_x}$ auf, so erhält man eine ganz gestreckte Kurve,
welche den für die Konstruktion nach Dupuit gezogenen
Fahrstrahl etwa bei dem Werte $D_2 = 55$ mm schneidet. Diese
Kurve deckt sich beinahe mit einer Geraden, so daß sie für
die praktische Durchführung der Berechnung als solche angenommen werden kann. Für den Wert $D_2 = 500$ mm wird
$D_1 = 470$ mm.

Die Konstruktion des Durchmessers nach Darcy kann
hiermit auch in der Weise erfolgen, daß man den für die Berechnung nach Dupuit zu ziehenden Fahrstrahl im Punkte
$D_2 = 55$ mm durch eine Gerade kreuzt, welche von dem
Fahrstrahl bei $D_2 = 500$ mm 30 mm Abstand hat. Die neue
Gerade tritt dann an Stelle des Fahrtstrahles.

Anlagen mit künstlicher Hebung des Wassers.

Im vorstehenden wurde angenommen, daß das Wasser
mit natürlichem Gefälle den Verbrauchsstellen zufließt. Ist
dies nicht der Fall, so muß es zuvor künstlich gehoben werden,
wodurch zusätzliche Kosten entstehen. Im Gegensatz zu
dem Bisherigen ist daher jetzt, wie mehrfach schon von Fach-
männern hervorgehoben worden ist, die Rohrleitung so zu
bemessen, daß die Summe der Kosten der Rohrleitung und
der kapitalisierten Kosten der Hebung des Wassers ein Minimum werden. Bezeichnet man mit $\varkappa$ die kapitalisierten
Kosten der Hebung der Gewichtseinheit um einen Meter,
und mit W die Anzahl der im Jahresdurchschnitt gehobenen
kg Wasser, so läßt sich diese Forderung durch die Gleichung
ausdrücken:

$$\int_0^l m\, D_x\, dx + W \cdot H \cdot \varkappa = \min.$$

Wie die Grenzen des Integrales zeigen, handelt es sich hier
wiederum nur um die Kosten einer Hauptleitung.

Diese Gleichung ist also auch für den allgemeinen Fall
der Figur 8 gültig. Während nun früher noch die Nebenbedingung bestand, daß der Druckhöhenverlust ein bestimmtes
Maß nicht überschreitet, fällt diese Bedingung bei der vorliegenden Untersuchung weg, da man in der Wahl der Höhenlage des Hochbehälters noch frei ist. Die Aufgabe läuft aus
diesem Grunde jetzt in folgender Weise auf eine einfache
Minimumsuntersuchung hinaus, während sie früher ein iso-
perimetrisches Variationsproblem bildete: Bezeichnet man
den Nutzdruck mit A, die gesamte Druckhöhe $A + H$ mit B,
so ist

$$B = \int_0^l h_x\, dx + A$$

und

$$h_x = \frac{Q_x^2}{D_x^5}\, \lambda'.$$

Durch Einsetzen dieser Werte und Ausführung der zur
Ermittelung des Minimums erforderlichen Differentiation ergibt sich

$$m - \frac{5\,x \cdot W \cdot \lambda' \cdot Q_x^2}{D^6} = 0,$$

oder

$$D_x = \sqrt[6]{\frac{5\,x \cdot W \cdot \lambda'}{m}} \cdot \sqrt[3]{Q_x}$$

$$= \mu \cdot \sqrt[3]{Q_x}.$$

Hiermit berechnet sich

$$h_x = \frac{Q_x^2 \cdot \lambda'}{\sqrt[3]{Q_x^5} \cdot \mu^5} = \frac{\lambda'}{\mu^5} \sqrt[3]{Q_x}$$

oder

$$h_x = C \sqrt[3]{Q_x}.$$

Das ist eine Gleichung genau derselben Form, wie sie für
Gravitationsleitungen abgeleitet wurde. Die Ausführung der
weiteren Rechnung kann daher genau in derselben Weise
erfolgen wie bei Gravitationsanlagen, mit dem einzigen Unter-

schiede, daß der Koeffizient C auf andere Weise ermittelt werden muß; nämlich nach der Gleichung

$$C = \frac{\lambda'}{\sqrt[6]{\left(\dfrac{5\,\varkappa\cdot W\cdot\lambda'}{m}\right)^5}} \qquad (35)$$

Diese gilt bei künstlicher Hebung für alle Belastungsformen der Rohrstränge ohne Unterschied.

Wie im allgemeinen Teil I schon hervorgehoben, haben andere Fachmänner schon versucht, die Kosten für Pumpwerk und Druckleitung möglichst gering zu halten. Sie haben jedoch die Gesamtanlage an der Stelle des Hochbehälters, für dessen Höhe sie ein durch andere Rücksichten bestimmtes Maß wählten, in zwei Teile zerlegt und für jede getrennt das Kostenminimum aufgesucht. Dies wird im allgemeinen nicht das Kostenminimum der Gesamtanlage ergeben. Um dieses zu gewinnen, hat der Verfasser den obenbezeichneten Weg eingeschlagen, welcher die Höhenlage des Behälters als Zwischenergebnis liefert.

Bei der Durchführung der Berechnung ist darauf zu achten, daß von vornherein die Wahl der Hauptleitungen richtig getroffen wird. Andernfalls kann man Endpunkte erhalten, an denen der verbleibende Druck zu gering wird. Anderseits wird man die Nebenstränge meist als Gravitationsleitungen berechnen müssen, als welche sie ja, nachdem die Hauptdrucklinie festliegt, für die Berechnung auch angesehen werden müssen.

Resultate.

Eine mit Hilfe der im vorstehenden abgeleiteten Resultate aufgebauten Rohrnetzberechnung würde, wie noch einmal zusammenfassend festgestellt werden möge, etwa den folgenden Gang nehmen:

Verteilung des Gesamtwasserbedarfes auf die einzelnen Verbrauchszonen und Ermittelung der mittleren Wasserentnahme aus der Gleichung (3)

$$q_m = \frac{Q_s}{a_1\,l_1 + a_2\,l_2 + \cdots\cdots a_n\,l_n}.$$

Ermittelung der Wasserscheidepunkte durch Halbieren der einzelnen Ringleitungen.

Nachprüfung des Resultates mit Rücksicht auf die lokalen Verhältnisse.

Eintragung der Strömungsrichtungen.

Aufstellung der Belastung der einzelnen Rohrstränge in einer Tabelle.

Aufsuchen der Rechnungsfiguren.

Aufzeichnen der Belastungsdiagramme der einzelnen Rechnungsfiguren.

Ausrechnung der Konstanten C für die einzelnen Rechnungsfiguren.

Aufzeichnen der h_x-Kurve mit der Hilfskurve:

$$y = \sqrt[3]{x}.$$

Aufzeichnen der Druckgefällslinie als Integralkurve zur h_x-Kurve.

Aufzeichnen der Mantellinie des Rohres aus der Proportion (34) oder analog dem für die h_x-Kurve angewandten Verfahren (S. 48 u. 52).

Ersetzen der berechneten Rohrweiten durch handelsübliche Dimensionen.

Anhang.

Beispiele.

Die nachstehenden Beispiele sollen nur die äußere Handhabung des entwickelten Verfahrens verdeutlichen. Selbstverständlich wird die Praxis andere Aufgaben stellen und die Überwindung von Komplikationen aller Art verlangen, die hier absichtlich ausgelassen wurden. Eine schematische Anwendung des Verfahrens in der Praxis würde fast stets zu einem Mißerfolg führen, und es muß der Erfahrung und Gewandtheit des Projekteurs überlassen bleiben, die von Fall zu Fall erforderlich werdenden Modifikationen des Verfahrens selbst zu erkennen und zur Anwendung zu bringen.

Beispiel I. Sieben in einem Tale gelegene Ortschaften werden durch eine Hauptleitung mit Wasser versorgt, welche aus einem unmittelbar neben der Quelle gelegenen Hochbehälter gespeist wird.

Der Höhenunterschied zwischen dem Hochbehälter und der Ausgabestelle der letzten Ortschaft beträgt 64 m; die verbleibende Druckhöhe soll dort mindestens 20 m betragen, so daß im ungünstigsten Falle noch ein Druckgefälle von 64−20 = 44 m für den Durchfluß zur Verfügung steht.

Die Abgabemengen an den einzelnen Orten betragen:

$$Q_1 = 2 \ \text{l/sek.}$$
$$Q_2 = 3{,}2 \ \text{»}$$
$$Q_3 = 1{,}2 \ \text{»}$$
$$Q_4 = 3{,}5 \ \text{»}$$
$$Q_5 = 1{,}5 \ \text{»}$$
$$Q_6 = 0{,}8 \ \text{»}$$
$$Q_7 = 3{,}0 \ \text{»}$$

Die Entfernungen vom Hochbehälter bis zur ersten Ortschaft bzw. von Ortschaft zu Ortschaft betragen:

$$l_1 = 712 \text{ m}$$
$$l_2 = 1510 \text{ »}$$
$$l_3 = 2116 \text{ »}$$
$$l_4 = 3805 \text{ »}$$
$$l_5 = 1800 \text{ »}$$
$$l_6 = 2850 \text{ »}$$
$$l_7 = 4000 \text{ »}$$

Es soll die Mantellinie der Rohrleitung und die Druckgefällslinie bestimmt werden.

Man trägt zunächst das Belastungsdiagramm auf.

Alsdann berechnet man die Konstante C aus der Gleichung (21), wobei alle Größen, auch die Q, auf m und sek.
zu beziehen sind, zu:

$$C = \frac{H}{\Sigma(\sqrt[3]{Q} \cdot l)}$$

$$= \frac{44}{\frac{1}{10}[\sqrt[3]{15,2} \cdot 712 + \sqrt[3]{13,2} \cdot 1510 + \sqrt[3]{10} \cdot 2116 + \sqrt[3]{8,8} \cdot 3805 +}$$

$$\frac{44}{+ \sqrt[3]{5,3} \cdot 1800 + \sqrt[3]{3,8} \cdot 2850 + \sqrt[3]{3} \cdot 4000]} = 0,014.$$

Nun zeichnet man mit Hilfe des Kurvenlineals (S. 46)
das Hilfsdiagramm $z = \sqrt[3]{Q_x}$, trägt im Abstand $z = 1$ die soeben berechnete Konstante $C = 0,014$ ab und konstruiert mit
dem durch den Endpunkt von C gezogenen Fahrstrahl die
h_x-Kurve. Die Integralkurve hierzu ist die Druckgefällslinie.
Ihre Ordinate im Endpunkte muß, wenn die Rechnung fehler-
los durchgeführt ist, die Größe $H = 44$ m haben.

Die Mantellinie der Rohrleitung konstruiert man entweder
nach Darcy mit Hilfe des auf Seite 50 angegebenen Verfahrens aus dem Belastungsdiagramm und der h_x-Kurve, oder
nach der einfacheren Methode nach Dupuit (S. 48).

Für letztere findet man den Koeffizienten

$$\mu = \sqrt[5]{\frac{\lambda'}{C}} = \sqrt[5]{\frac{0,00243}{0,014}} = 0,70.$$

Die ermittelten Durchmesser ersetzt man alsdann durch die handelsüblichen Weiten.

B e i s p i e l II. Das durch einen Hochbehälter gespeiste Rohrnetz einer Stadt von 8000 Einwohnern ist so zu entwerfen, daß zur Zeit des Höchstverbrauches überall ein Druck von mindetens 20 m verbleibt und die Kosten einen Mindestwert annehmen.

Die Lage der Rohrleitungen ist durch die Straßenzüge bestimmt. Der Hochbehälter liegt 808 m von der Peripherie der Stadt entfernt an einem Steilhange. Seine genaue, sich aus der Berechnung ergebende Höhenlage beeinflußt diese Entfernung praktisch nicht. Das Wasser wird durch Pumpbetrieb in den Hochbehälter gefördert, und zwar betragen die kapitalisierten Kosten für die Förderung:

$$[\varkappa = 0,26 \text{ Pf. für die Metertonne}$$

der Grundpreis eines Meter Rohr von 1 m Durchmesser

$$m = 6300 \text{ Pf.}$$

der jährliche Wasserverbrauch $W = 255\,000$ cbm

die Wasserentnahme aus dem Rohrnetze zur Zeit des Höchstverbrauches

$$q = 0,0015 \text{ l/sek. für 1 m Leitung.}$$

Zu den sich hieraus ergebenden Wassermengen ist für Feuerlöschzwecke ein Zuschlag von 5 l/sek. am jeweiligen Endpunkt jeder Rechnungsfigur zuzugeben.

Zunächst sucht man im Lageplan durch Halbieren der einzelnen Ringleitungen die Wasserscheidepunkte auf und trägt die Strömungsrichtungen ein. Sodann stellt man in einer Tabelle die Belastung der einzelnen Rohrstränge fest und bestimmt die Hauptrechnungsfiguren.

Die Konstanten C und μ berechnen sich nach Gleichung (35) zu

$$C = \frac{\lambda'}{\sqrt[6]{\left(\frac{\varkappa \cdot 5 \cdot W \cdot \lambda'}{m}\right)^5}}$$

$$= \frac{0{,}00243}{\sqrt[6]{\left(\frac{0{,}26 \cdot 5 \cdot 255\,000 \cdot 0{,}00243}{6300}\right)^5}} = 0{,}0133$$

und

$$\mu = \sqrt[5]{\frac{0{,}00243}{0{,}0133}} = 0{,}71.$$

Mit diesen Konstanten werden die Hauptrechnungsfiguren berechnet. Eine Ausnahme bilden lediglich diejenigen Hauptrechnungsfiguren, welche sich paarweise zu einem größeren Ringleiter zusammensetzen. Von diesen kann nur die eine mit den oben ermittelten Konstanten berechnet werden, da damit der Gesamtdruckhöhenverlust H am Wasserscheidepunkte bereits festgelegt ist. In diesen Fällen müssen für die zugehörigen Rechnungsfiguren aufs neue die Konstanten nach der Gleichung (31)

$$C = \frac{H}{\Sigma\left[\frac{3}{4 \cdot q} \cdot (Q_a \sqrt[3]{Q_a} - Q_e \cdot \sqrt[3]{Q_e})\right]}$$

und

$$\mu = \sqrt[5]{\frac{\lambda'}{C}}$$

berechnet werden.

Die Konstruktion der h_x-Kurve mit der Konstante C erfolgt in der auf Seite 46 beschriebenen Weise mit Hilfe des Hilfsdiagrammes, die des Rohrdurchmessers nach Dupuit mit μ nach Seite 48, sofern man nicht eine genauere Ermittlung nach Darcy, wie sie Seite 50 und 52 angegeben, vorzieht.

Die Druckgefällslinie wird konstruiert als Integralkurve zur h_x-Kurve. Mithin ergibt sich der Punkt der ungünstigsten Druckverhältnisse dort, wo die Summe von Druckverlusthöhe und topographischer Höhe den größten Wert annimmt. Diese Summe vermehrt um 20 m gibt die Höhenlage des Hochbehälters an.

Tabelle der Forme

Bezeichnung	Belastung	Gleich
Allgemeiner Fall	$Q_x = f(x)$	$H_x = \dfrac{H}{\int_0^{l_3} \sqrt[3]{Q_x} \cdot dx} \cdot \int_0^{x_3} \sqrt[3]{Q_x}\, dx$
Konstante Belastung	$Q_x = Q_k = \text{konst.}$	$H_x = H \cdot \dfrac{x}{l}$
Aneinanderreihung von Rohrsträngen mit konstanter Belastung	$Q_x = Q_{k(1)}$	$H_{x(1)} = \dfrac{H \sqrt[3]{Q_{k(1)}} \cdot x}{\Sigma \left(l \sqrt[3]{Q_k}\right)}$
	$Q_x = Q_{k(2)}$	$H_{x(1,2)} = \dfrac{H \sqrt[3]{Q_{k(2)}} \cdot x}{\Sigma \left(l \sqrt[3]{Q_k}\right)} + H_1$
	$Q_x = Q_{k(n)}$	$H_{x(1,2\cdots n)} = \dfrac{H \sqrt[3]{Q_{k(n)}} \cdot x}{\Sigma \left(l \sqrt[3]{Q_{k(n)}}\right)} + H_{(1,2\cdots,\,n-}$
Konstante Wasserentnahme	$Q_x = q\,(l - x)$	$H_x = H \left(1 - \dfrac{l-x}{l} \sqrt[3]{\dfrac{l-x}{l}}\right)$
Konst. Wasserentnahme und Einzelabgabe am Ende	$Q_x = Q_e + q\,(l - x)$	$H_x = \dfrac{H \cdot \left[Q_a \sqrt[3]{Q_a} - (Q_e + q\,(l-x)}{Q_a \sqrt[3]{Q_a} - Q_e}$
Rechnungsfigur eines Rohrnetzes	$Q_x = Q_{k(1)}$	$H_{x(1)} = \dfrac{H \cdot \sqrt[3]{Q_{k(1)}} \cdot x}{\Sigma \left(l \cdot \sqrt[3]{Q_k}\right) + \Sigma \left(\dfrac{3}{4q} \cdot (Q_a \sqrt[3]{Q_a}\right)}$
	$Q_x = Q_{k(n)}$	$H_{x(1,2)} = \dfrac{H \cdot \sqrt[3]{Q_{k(2)}} \cdot x}{\Sigma \left(l \cdot \sqrt[3]{Q_k}\right) + \Sigma \left(\dfrac{3}{4q}\,(Q_a \sqrt[3]{Q_a}\right)}$
	$Q_x = Q_{e(n+1)} + q\,(l_{(n+1)} - x)$	$H_{x(1,2\cdots n)} = \dfrac{H \cdot \sqrt[3]{Q_{k(n)}} \cdot x}{\Sigma \left(l \cdot \sqrt[3]{Q_k}\right) + \Sigma \left(\dfrac{3}{4q}\,(Q_a \sqrt[3]{Q_a}\right)}$
	$Q_x = Q_{e(z)} + q\,(l_z - x)$	$H_{x[1,2\cdots n,(n+1)]} = \dfrac{H \cdot \left[Q_{a(n+1)} \cdot \sqrt[3]{Q_{a(n+1)}} - Q_e\right.}{\dfrac{4}{3} \cdot q \cdot \left[\Sigma\,(l\right.}$
		$H_{x[1,2\cdots n,(n+1)\cdots z]} = \dfrac{H \left[Q_{a(z)} \sqrt[3]{Q_{a(z)}} - (Q_{e(z)} + q\,(l\right.}{\dfrac{4}{3} q \cdot \left[\Sigma\,(l \sqrt[3]{Q_k}) + \Sigma \left(\dfrac{3}{4}\right.\right.}$

...inie	Gleichung der auf die Längeneinheit bezogenen Druckverlusthöhe
	$$h_x = \dfrac{H \cdot \sqrt[3]{Q_z}}{\displaystyle\int_0^l \sqrt[3]{Q_x} \cdot dx}$$
	$$h_x = \dfrac{H}{l} = \text{konst.}$$
	$$h_{x\,(1)} = \dfrac{H \cdot \sqrt[3]{Q_{k\,(1)}}}{\Sigma\,(l\sqrt[3]{Q_k})}$$ $$h_{x\,(2)} = \dfrac{H\,\sqrt[3]{Q_{k\,(2)}}}{\Sigma\,(l\sqrt[3]{Q_k})}$$ $$h_{x\,(n)} = \dfrac{H\,\sqrt[3]{Q_{k\,(n)}}}{\Sigma\,(l\sqrt[3]{Q_k})}$$
	$$h_x = \dfrac{4}{3}\,\dfrac{H}{l}\,\sqrt[3]{\dfrac{l-x}{l}}$$
	$$h_x = \dfrac{4}{3}\,\dfrac{H \cdot q \cdot \sqrt[3]{Q_e + q\,(l-x)}}{Q_a\sqrt[3]{Q_a} - Q_e\sqrt[3]{Q_e}}$$
(1)	$$h_{x\,(1)} = \dfrac{H \cdot \sqrt[3]{Q_{k\,(1)}}}{\Sigma\,(l\sqrt[3]{Q_k}) + \Sigma\left(\dfrac{3}{4\,q}\cdot (Q_a\sqrt[3]{Q_a} - Q_e\sqrt[3]{Q_e})\right)}$$ $$h_{x\,(2)} = \dfrac{H \cdot \sqrt[3]{Q_{k\,(2)}}}{\Sigma\,(l\sqrt[3]{Q_k}) + \Sigma\left(\dfrac{3}{4\,q}\,(Q_a\sqrt[3]{Q_a} - Q_e\sqrt[3]{Q_e})\right)}$$
[1, 2 \cdots (n-1)]	$$h_{x\,(n)} = \dfrac{H \cdot \sqrt[3]{Q_{k\,(n)}}}{\Sigma\,(l\sqrt[3]{Q_k}) + \Sigma\left(\dfrac{3}{4\,q}\,(Q_a\sqrt[3]{Q_a} - Q_e\sqrt[3]{Q_e})\right)}$$
$-x)\,\sqrt[3]{Q_{e\,(n+1)} + q\,(l_{(n+1)} - x)}$ $\sqrt[3]{Q_a} - Q_e\sqrt[3]{Q_e})\Big)\Big] + H_{(1,\,2\cdots n)}.$	$$h_{x\,(n+1)} = \dfrac{H \cdot \sqrt[3]{Q_{e\,(n+1)} + q\,(l_{(n+1)} - x)}}{\Sigma\,(l\sqrt[3]{Q_k}) + \Sigma\left(\dfrac{3}{4\,q}\,(Q_a\sqrt[3]{Q_a} - Q_e\sqrt[3]{Q_e})\right)}$$
$\overline{(l_z - x)}\big)\big] + H_{(1,\,2\cdots n,\,n+1\cdots z-1)}.$	$$h_{x\,(z)} = \dfrac{H \cdot \sqrt[3]{Q_{e\,(z)} + q\,(l_z - x)}}{\Sigma\,(l\cdot\sqrt[3]{Q_k}) + \Sigma\left(\dfrac{3}{4\,q}\,(Q_a\sqrt[3]{Q_a} - Q_e\sqrt[3]{Q_e})\right)}$$

www.ingramcontent.com/pod-product-compliance
Lightning Source LLC
Chambersburg PA
CBHW081246190326
41458CB00016B/5933